Hernán Javier Guardia Morán

Geografia Econômica Geral

Hernán Javier Guardia Morán

Geografia Econômica Geral

Uma análise a partir da prática

ScienciaScripts

Imprint

Any brand names and product names mentioned in this book are subject to trademark, brand or patent protection and are trademarks or registered trademarks of their respective holders. The use of brand names, product names, common names, trade names, product descriptions etc. even without a particular marking in this work is in no way to be construed to mean that such names may be regarded as unrestricted in respect of trademark and brand protection legislation and could thus be used by anyone.

Cover image: www.ingimage.com

This book is a translation from the original published under ISBN 978-613-9-40287-8.

Publisher:
Sciencia Scripts
is a trademark of
Dodo Books Indian Ocean Ltd. and OmniScriptum S.R.L publishing group

120 High Road, East Finchley, London, N2 9ED, United Kingdom
Str. Armeneasca 28/1, office 1, Chisinau MD-2012, Republic of Moldova, Europe
Printed at: see last page
ISBN: 978-620-7-66172-5

GEOGRAFIA HUMANA

(GEOGRAFIA ECONÓMICA GERAL E GEOGRAFIA DO PANAMÁ)

REDIGIDO POR:

HERNÁN JAVIER GUARDIA MORÁN

PREÂMBULO

A geografia económica é um campo de estudo fascinante que nos convida a explorar a complexa interação entre o espaço geográfico e as actividades económicas humanas. Neste livro, mergulhamos numa viagem pelas várias dimensões desta disciplina, desde as teorias clássicas às tendências contemporâneas que moldam o nosso mundo globalizado.

Na era atual, em que as fronteiras se esbatem e as distâncias diminuem graças à tecnologia, compreender como a geografia influencia a distribuição de recursos, a produção de bens e serviços, o comércio internacional e o desenvolvimento regional torna-se crucial para compreender os desafios e as oportunidades que a economia global enfrenta.

Ao longo destas páginas, descobriremos como factores como o clima, a topografia, os recursos naturais, as infra-estruturas e a localização geográfica influenciam a competitividade das nações, a especialização produtiva, a mobilidade da mão de obra e a qualidade de vida das pessoas.

Desde as teorias clássicas de Alfred Weber sobre a localização industrial até aos modelos contemporâneos de grupos de empresas e cadeias de valor globais, exploraremos as diferentes escolas de pensamento que moldaram a geografia económica e contribuíram para a nossa compreensão do mundo económico em evolução.

Este livro procura não só fornecer uma análise teórica aprofundada, mas também relacionar estes conceitos com exemplos concretos e estudos de caso que ilustram a relevância prática da geografia económica em áreas como o desenvolvimento sustentável, o planeamento urbano, a gestão dos recursos naturais e a formulação de políticas públicas.

Ao embarcarmos nesta viagem intelectual, convido o leitor a questionar, refletir e descobrir como a geografia e a economia entrelaçam os seus caminhos para moldar o mundo em que vivemos e nos desafiam a imaginar um futuro mais equitativo, sustentável e próspero para todos. Dr. Ramiro Campos. Professor Universitário

Índice

INTRODUÇÃO 4

CAPÍTULO 1. A Geografia Económica e a sua importância prática 6

CAPÍTULO 2 Recursos naturais: a base das actividades económicas produtivas e do desenvolvimento nacional 22

CAPÍTULO 3 A energia e a sua importância na economia nacional 46

CAPÍTULO 4 O sector primário da economia: 97

VOCABULÁRIO 134

REFERÊNCIAS BIBLIOGRÁFICAS 141

INTRODUÇÃO

Descubra o mundo através da Geografia Económica!

Embarque numa viagem fascinante pelo mundo da Geografia Económica, onde a interação entre a atividade humana e o espaço se torna o palco do nosso desenvolvimento. Explore a forma como a distribuição de recursos, a organização territorial e os factores físicos e humanos moldam a produção, a distribuição e o consumo de bens e serviços à escala global.

Nesta brochura encontrará:

Noções básicas de Geografia Económica: Decifre os conceitos-chave que lhe permitirão compreender a relação entre a economia e o espaço.

Recursos naturais: o tesouro da Terra: Descubra a importância dos recursos naturais como base da atividade económica e o seu papel no desenvolvimento sustentável.

Energia: O Motor do Progresso: Explora o papel fundamental da energia na economia moderna e os desafios que se colocam ao seu fornecimento e consumo.

O sector primário: a base da vida: mergulhe no mundo da agricultura, da pecuária, da pesca, da silvicultura e da exploração mineira e compreenda o seu papel vital na economia e na segurança alimentar.

A globalização e a economia internacional: Analisa as tendências que ligam as economias mundiais e a forma como a geografia económica contribui para as compreender.

Estudos de caso: Exemplos do mundo real - Mergulhe em exemplos concretos que ilustram como os conceitos de Geografia Económica se aplicam na vida real.

A Geografia Económica surge como uma disciplina que analisa a relação entre a atividade económica e o espaço. Estuda a forma como a distribuição dos recursos, a organização territorial e os factores físicos e humanos influenciam a produção, a distribuição e o consumo de bens e serviços.

A importância da geografia económica tem também relevância prática nos seguintes domínios, como o planeamento urbano e regional: otimização da localização das indústrias, infra-estruturas e serviços para um desenvolvimento equilibrado, gestão dos recursos naturais, ou seja, utilização sustentável dos recursos e atenuação do impacto ambiental, promoção do comércio internacional para identificar vantagens competitivas e oportunidades no mercado global, redução da pobreza e das desigualdades: aplicação de estratégias de desenvolvimento local e regional.

Os recursos naturais como base da atividade económica:

Os recursos naturais são elementos encontrados na natureza que podem ser utilizados para satisfazer as necessidades humanas. São classificados em renováveis (como a energia solar e a madeira) e não renováveis (como o petróleo e os minerais).

A energia é a capacidade de realizar trabalho. É um elemento essencial para o funcionamento da sociedade moderna, alimentando a indústria, os transportes, a agricultura e a vida quotidiana.

O sector primário da economia compreende as actividades económicas que obtêm recursos diretamente da natureza. Inclui a agricultura, a pecuária, a pesca, a silvicultura e a exploração mineira.

CAPÍTULO 1: A Geografia Económica e a sua importância prática

1.1. Definição e conteúdo da Geografia Económica

1.1.1. Definição de Geografia Económica:

A Geografia Económica é uma disciplina que estuda a relação entre a atividade económica e o espaço. Analisa a forma como a distribuição dos recursos, a organização territorial e os factores físicos e humanos influenciam a produção, a distribuição e o consumo de bens e serviços à escala mundial.

Por outras palavras, a geografia económica procura compreender como a economia está organizada no espaço, como as características geográficas condicionam as actividades económicas e como as decisões económicas têm impacto no ambiente.

Há muitos outros autores que deram sentido a esta ciência, entre eles:

1. Samuelson, P. A. (1973). Economia. Madrid: McGraw-Hill.

Definição: "A Geografia Económica é a ciência que estuda a relação entre a atividade económica e o espaço".

2. Krugman, P. R., & Obstfeld, M. (2018). Economia internacional: Teoria e política. Barcelona: Pearson Education.

Definição: "A Geografia Económica analisa a forma como a distribuição dos recursos naturais, a organização territorial e os factores físicos e humanos influenciam a produção, a distribuição e o consumo de bens e serviços à escala mundial".

3. Morrill, R. L. (1981). Spatial dynamics of commodity production (Dinâmica espacial da produção de mercadorias). Cambridge, MA: MIT Press.

Definição: "A Geografia Económica é uma disciplina que estuda a distribuição espacial das actividades económicas e a forma como essa distribuição é afetada por factores geográficos e económicos".

4. Clark, G. (1997). Porque é que as nações falham: The origins of power, prosperity, and poverty [As origens do poder, da prosperidade e da pobreza]. Nova Iorque: PublicAffairs.

Definição: "A Geografia Económica examina a forma como as características geográficas, como o clima, a topografia e a localização, influenciam o desenvolvimento económico das nações".

5. Krugman, P. R. (1998). Geography and trade. Cambridge, MA: MIT Press.

Definição: "A Geografia Económica analisa a forma como os factores geográficos, como a distância e os custos de transporte, afectam o comércio internacional".

6. Henderson, V. L. (2001). Urban development: Economics, planning, and politics. Nova Iorque: Oxford University Press.

Definição: "A geografia económica estuda a localização das actividades económicas no espaço, incluindo a concentração de indústrias, centros urbanos e infra-estruturas".

7. Davis, H. K. (2005). World cities: A global network. Princeton, NJ: Princeton University Press.

Definição: "A geografia económica analisa a globalização e a forma como esta afecta a organização espacial da atividade económica, incluindo a localização das empresas multinacionais e os fluxos de investimento estrangeiro".

8. Duranton, G., & Puga, D. (2004). Aglomeração urbana e economia desenvolvimento. Cambridge, MA: MIT Press.

Definição: "A Geografia Económica analisa a forma como as aglomerações urbanas, como as grandes cidades, podem impulsionar o crescimento económico e a inovação".

9. Fujita, M., Krugman, P. R., & Venables, A. J. (1999). The spatial economics of urbanization. Cambridge, MA: MIT Press.

Definição: "A Geografia Económica analisa os padrões de localização das actividades económicas e a forma como esses padrões explicam a formação e o crescimento das cidades".

10. Rodríguez-Pose, A. (2012). The spatial economics of development. Cheltenham, Reino Unido: Edward Elgar Publishing.

Definição: "A Geografia Económica analisa a forma como a distribuição espacial da atividade económica pode contribuir para o desenvolvimento económico, especialmente nas regiões menos favorecidas".

Vimos como cada autor lhe dá uma definição especializada ou globalizante, na qual entram em jogo muitos elementos sociais, naturais e culturais.

1.2 Conteúdo da geografia económica:

Os principais tópicos abrangidos pela Geografia Económica são:

Distribuição dos recursos naturais: Analisa a localização e a disponibilidade dos recursos naturais, como os minerais, a água, a terra e as florestas, e a forma como estes recursos influenciam as actividades económicas.

Organização territorial da atividade económica: estuda a concentração e a dispersão das actividades económicas no espaço, incluindo a localização das indústrias, dos centros urbanos, das infra-estruturas e das zonas agrícolas.

A globalização e a economia internacional: Examina os fluxos comerciais internacionais, o investimento estrangeiro, a localização das empresas multinacionais e os efeitos da globalização na economia e no território.

Desenvolvimento regional e desigualdades espaciais: Analisa as disparidades no desenvolvimento económico entre regiões e países, e a forma como a Geografia Económica pode contribuir para a redução dessas desigualdades.

Sustentabilidade ambiental e desenvolvimento sustentável: Examina a relação entre a atividade económica e o ambiente e o modo como a geografia económica pode contribuir para um desenvolvimento mais sustentável.

a. Avaliação e principais abordagens da Geografia Económica

A Geografia Económica é uma disciplina fundamental para a compreensão do funcionamento da economia no mundo atual. O seu estudo torna possível:

Identificar oportunidades económicas: Ao analisar a distribuição dos recursos e as características territoriais, podem ser identificadas áreas potenciais para o desenvolvimento económico.

Conceber políticas públicas eficazes: a compreensão dos factores geográficos que influenciam a economia permite conceber políticas públicas mais eficazes para promover o desenvolvimento económico e a redução da pobreza.

Atenuação dos impactos ambientais: A análise da relação entre a atividade económica e o ambiente permite identificar estratégias para minimizar os impactos negativos e promover o desenvolvimento sustentável.

Compreender as tendências económicas globais: a Geografia Económica fornece ferramentas para analisar as tendências económicas globais e os seus efeitos em diferentes regiões e países.

Ao longo da sua história, a Geografia Económica desenvolveu diferentes abordagens para o estudo da relação entre economia e espaço. Algumas das abordagens mais importantes incluem:

Determinismo ambiental: Esta abordagem defende que as características físicas do ambiente determinam em grande medida a atividade económica.

Determinismo ambiental:

O determinismo ambiental, também conhecido como determinismo geográfico, é uma abordagem que surgiu no século XIX e defende que as características físicas do ambiente, como o clima, o solo e a topografia, determinam em grande medida a atividade económica e o desenvolvimento social.

Autores:

Ratzel, Friedrich: Geógrafo alemão considerado o pai do determinismo ambiental.

Huntington, Ellsworth: geógrafo americano que popularizou o conceito de "climas determinantes".

Análise do problema:

O determinismo ambiental tem sido criticado pela sua visão determinista e por não ter em conta a capacidade humana de se adaptar e modificar o ambiente. É visto como uma abordagem simplista que não tem em conta a complexidade dos factores sociais, políticos e culturais que influenciam a economia.

Possibilismo: Esta perspetiva defende que o ambiente oferece possibilidades para a atividade económica, mas são as escolhas humanas que determinam a forma como essas possibilidades são exploradas.

Possibilismo:

O Possibilismo, em resposta ao determinismo ambiental, surgiu no início do século XX e propõe que o ambiente oferece possibilidades para a atividade económica, mas são as escolhas humanas que determinam a forma como essas possibilidades são exploradas.

Autores:

Blache, Vidal de la: Geógrafo francês que introduziu o conceito de "possibilismo'.

Febvre, Lucien: geógrafo francês que sublinhou a importância das "tecnologias" e dos "modos de vida" na relação entre o homem e o ambiente.

Análise do problema:

O Possibilismo foi reconhecido pela sua abordagem mais flexível e dinâmica, reconhecendo o papel ativo da ação humana na transformação do espaço. No entanto, alguns críticos salientam que esta abordagem pode subestimar a influência do ambiente e as restrições que este impõe às actividades económicas.

Economia espacial: Esta abordagem utiliza ferramentas matemáticas e estatísticas para analisar a distribuição da atividade económica no espaço.

Economia do espaço:

A economia espacial, desenvolvida em meados do século XX, utiliza ferramentas matemáticas e estatísticas para analisar a distribuição da atividade económica no espaço. Centra-se na compreensão da forma como a distância, os custos de transporte e outros factores espaciais influenciam a localização das empresas, dos trabalhadores e dos consumidores.

Autores:

Von Thünen, Johann Heinrich: Economista e geógrafo alemão, considerado o pai da economia espacial.

Christaller, Walter: geógrafo alemão que desenvolveu o modelo dos "lugares centrais".

Análise do problema:

A economia espacial contribuiu significativamente para o desenvolvimento de modelos teóricos para explicar a localização da atividade económica. No entanto, alguns críticos salientam que estes modelos podem ser demasiado abstractos e não reflectem a complexidade das decisões económicas reais.

Geografia do desenvolvimento: Esta perspetiva centra-se no estudo das desigualdades económicas e na forma como a geografia económica pode contribuir para o desenvolvimento de regiões desfavorecidas.

Geografia do desenvolvimento:

A geografia do desenvolvimento, que surgiu na década de 1960, centra-se no estudo das desigualdades económicas e na forma como a geografia económica pode contribuir para o desenvolvimento de regiões desfavorecidas.

Autores:

Myrdal, Gunnar: Economista sueco que introduziu o conceito de "círculos viciosos do subdesenvolvimento".

Friedmann, John: geógrafo americano que desenvolveu o modelo de "desenvolvimento espacial desigual".

Análise do problema:

A geografia do desenvolvimento tem dado importantes contributos para a compreensão das causas da pobreza e da desigualdade no mundo.

No entanto, alguns críticos salientam que esta abordagem pode ser demasiado normativa e não considera adequadamente as perspectivas e necessidades das comunidades locais.

b. Aplicação da informação fornecida pela Geografia Económica na interpretação do nível de desenvolvimento económico a nível nacional, regional e global.

A informação fornecida pela Geografia Económica é fundamental para interpretar o nível de desenvolvimento económico a nível nacional, regional e global. Através da análise da distribuição dos recursos, da organização territorial da atividade económica e dos fluxos comerciais, é possível identificar os factores que contribuem para o desenvolvimento económico de um país ou região.

Por exemplo, a abundância de recursos naturais, a existência de infra-estruturas adequadas, a localização estratégica no contexto global e a presença de uma mão de obra qualificada são factores que estão geralmente associados a um nível mais elevado de desenvolvimento económico.

A geografia económica permite também identificar as disparidades de desenvolvimento económico entre diferentes regiões e países. Ao analisar as causas dessas desigualdades, podem ser concebidas políticas públicas e estratégias de desenvolvimento específicas para cada caso.

A nível mundial, a geografia económica é um instrumento fundamental para compreender as tendências económicas globais e os seus efeitos nos diferentes países e regiões. A análise dos fluxos comerciais, do investimento estrangeiro e da localização das empresas multinacionais permite-nos identificar as oportunidades e os desafios que os países enfrentam num mundo globalizado.

A geografia económica desempenha um papel fundamental na interpretação do nível de desenvolvimento económico a nível nacional, regional e mundial. Ao analisar a distribuição dos recursos, a organização territorial da atividade económica e os fluxos comerciais, é possível identificar os factores que contribuem para o progresso económico de um país ou de uma região.

A nível nacional:

Distribuição dos recursos: A abundância de recursos naturais, como os minerais, a água, a terra e as florestas, é um fator-chave para o desenvolvimento económico. A geografia económica permite identificar as regiões com maior potencial para a exploração destes recursos e conceber estratégias para a sua utilização sustentável.

Infra-estruturas: A existência de infra-estruturas adequadas, tais como estradas, portos, aeroportos e redes de energia, é essencial para o transporte de bens e serviços, a comunicação e a atração de investimentos. A Geografia Económica ajuda a avaliar a qualidade e a cobertura das infra-estruturas e a identificar as áreas que necessitam de melhorias.

Localização da atividade económica: A concentração de indústrias, centros urbanos e infra-estruturas em determinadas regiões pode impulsionar o crescimento económico e a criação de emprego. A geografia económica permite-nos analisar os padrões de localização da atividade económica e compreender as razões subjacentes a estas concentrações.

A nível regional:

Desigualdades económicas: A Geografia Económica permite a identificação de disparidades no desenvolvimento económico entre diferentes regiões de um país. Ao compreender as causas destas desigualdades, podem ser concebidas políticas públicas específicas para cada região, a fim de promover um desenvolvimento mais equilibrado.

Potencialidades regionais: Cada região tem características únicas que podem ser aproveitadas para impulsionar o seu desenvolvimento económico. A geografia económica ajuda a identificar o potencial de cada região, como os recursos naturais, a mão de obra qualificada ou a localização estratégica, e a conceber estratégias para o seu desenvolvimento.

Cooperação regional: A cooperação entre regiões pode ser um instrumento eficaz para impulsionar o desenvolvimento económico. A Geografia Económica pode identificar oportunidades de colaboração entre regiões e facilitar a coordenação de esforços para atingir objectivos comuns.

A nível mundial:

Globalização: A Geografia Económica analisa a forma como a globalização afecta a organização espacial da atividade económica, incluindo a ocalização das empresas multinacionais, os fluxos de investimento estrangeiro e os padrões do comércio internacional.

Competitividade global: Os países competem entre si para atrair investimentos, gerar exportações e participar nos mercados globais. A geografia económica permite a identificação das vantagens competitivas de cada país e o desenvolvimento de estratégias para as reforçar.

Desigualdades globais: As disparidades no desenvolvimento económico entre países são um grande desafio global. A Geografia Económica ajuda a compreender as causas destas desigualdades e a procurar soluções para as reduzir.

A informação fornecida pela Geografia Económica é fundamental para interpretar o nível de desenvolvimento económico a nível nacional, regional e global. Ao analisar os factores geográficos e económicos que influenciam a atividade económica, pode identificar oportunidades para o progresso económico, combater as desigualdades e promover um desenvolvimento mais sustentável e inclusivo.

A interpretação do nível de desenvolvimento económico não deve basear-se apenas em indicadores económicos, mas deve também ter em conta os aspectos sociais, ambientais e institucionais.

A geografia económica é um instrumento útil para a análise do desenvolvimento económico, mas não é o único. Deve ser complementada por outras disciplinas, como a economia, a sociologia e a ciência política.

Compreender o nível de desenvolvimento económico é essencial para conceber políticas públicas eficazes e promover o bem-estar das sociedades.

1.2. A Geografia Económica como área complementar: uma análise abrangente

A geografia económica é uma disciplina que se situa na intersecção da geografia e da economia, estudando a distribuição espacial das actividades económicas e a forma como estas interagem com o ambiente geográfico. Neste sentido, a geografia económica torna-se um campo complementar essencial para a compreensão de vários aspectos do mundo atual, desde o comércio internacional e a globalização até ao desenvolvimento local e à sustentabilidade ambiental.

1. Complementaridade com outras disciplinas:

➢ Economia: A geografia económica complementa a economia tradicional, fornecendo uma perspetiva espacial dos fenómenos económicos. Esta perspetiva permite compreender de que forma a localização geográfica, os recursos naturais e as características ambientais influenciam a produção, o consumo e a troca de bens e serviços.

➢ Geografia: A geografia económica enriquece a geografia tradicional ao incorporar conceitos económicos na análise dos fenómenos geográficos. Isto permite-nos compreender como as actividades económicas moldam a paisagem, influenciam a distribuição da população e geram padrões espaciais específicos.

➢ Outras disciplinas: A geografia económica complementa outras disciplinas, como a sociologia, a política e as ciências do ambiente, para proporcionar uma compreensão abrangente dos desafios e oportunidades que as sociedades enfrentam no mundo globalizado.

2. Contribuições da geografia económica:

➢ Análise da localização: A geografia económica ajuda a compreender por que razão certas actividades económicas estão localizadas em determinados locais e como estes factores de localização influenciam o seu sucesso ou fracasso.

➢ Dinâmica espacial da economia: A geografia económica analisa a forma como as actividades económicas se distribuem no espaço e como essa distribuição se altera ao longo do tempo, influenciada por factores como a globalização, o desenvolvimento tecnológico e as políticas públicas.

➢ Impactos económicos dos fenómenos geográficos: A geografia económica avalia a forma como os fenómenos geográficos, como as catástrofes naturais ou as alterações climáticas, podem afetar as actividades económicas e o bem-estar das populações.

➢ Desenvolvimento regional e local: A geografia económica contribui para a conceção de estratégias de desenvolvimento regional e local que tenham em conta as características geográficas, os recursos disponíveis e o potencial económico de cada território.

3. Exemplos de aplicações:

> Análise da localização das indústrias: A geografia económica pode explicar por que razão certas indústrias estão concentradas em áreas específicas, como a indústria têxtil no Sudeste Asiático ou a indústria automóvel em Detroit.

> Estudo dos fluxos comerciais internacionais: a geografia económica analisa os padrões do comércio internacional, tendo em conta factores como a distância, os custos de transporte e os obstáculos ao comércio.

> Avaliar o impacto económico das alterações climáticas: A geografia económica pode avaliar a forma como as alterações climáticas afectam a agricultura, as pescas e outras actividades económicas em diferentes regiões do mundo.

> Conceber políticas públicas para o desenvolvimento regional: a geografia económica pode contribuir para a formulação de políticas públicas que promovam o desenvolvimento económico sustentável em zonas rurais ou regiões desfavorecidas.

A geografia económica está a emergir como um domínio complementar essencial para compreender o mundo de hoje e enfrentar os desafios do futuro. O seu enfoque espacial, a sua capacidade de integrar conceitos de várias disciplinas e a sua vasta gama de aplicações fazem dela uma ferramenta valiosa para a tomada de decisões públicas, privadas e académicas.

1.3. Classificação dos sectores económicos.

A economia é tradicionalmente dividida em quatro sectores

principais: primário, secundário, terciário e quaternário. Cada sector compreende um conjunto de actividades económicas que desempenham um papel fundamental na produção, distribuição e consumo de bens e serviços. Segue-se uma explicação detalhada de cada sector:

1. Sector primário:

Actividades: Abrange a extração de recursos naturais diretamente do ambiente, como a agricultura, a pecuária, a pesca, a silvicultura e a exploração m neira.

Características: Caracteriza-se pela sua relação direta com a natureza e pela utilização intensiva dos recursos naturais. Os produtos do sector primário são geralmente matérias-primas que servem de matéria-prima para os outros sectores económicos.

Importância: É essencial para a segurança alimentar, a criação de emprego nas zonas rurais e o fornecimento de matérias-primas para outras indústrias.

2. Sector secundário:

Actividades: Compreende a transformação de matérias-primas obtidas no sector primário em produtos acabados ou bens de consumo. Inclui actividades como a indústria transformadora, a construção e a indústria.

Características: Caracteriza-se pela utilização de maquinaria, tecnologia e processos de produção para transformar matérias-primas. O sector secundário gera um elevado valor acrescentado aos produtos e contribui significativamente para o crescimento económico.

Importância: É essencial para o desenvolvimento industrial, a criação de empregos qualificados e a competitividade económica de um país.

3. Sector terciário:

Actividades: Também conhecido como o sector dos serviços, compreende a prestação de serviços imateriais aos consumidores, às empresas e a outros sectores económicos. Inclui actividades como o comércio, os transportes, a saúde, a educação, o turismo, as finanças e os serviços profissionais.

Características: Caracteriza-se pela predominância do trabalho intelectual sobre o trabalho manual e pela importância da interação humana na prestação de serviços. O sector terciário registou um crescimento significativo nas últimas décadas, tornando-se um dos principais motores da economia moderna.

Importância: É fundamental para o bem-estar social, a qualidade de vida e o desenvolvimento humano. O sector terciário gera empregos em vários domínios e contribui para satisfazer as necessidades da população.

4. Sector quaternário:

Actividades: Também conhecido como o sector do conhecimento, compreende a produção, o processamento e a transmissão de informação e conhecimento. Inclui actividades como a investigação científica, o desenvolvimento tecnológico, as tecnologias da informação e da comunicação (TIC), o ensino superior e a consultoria especializada.

Características: Caracteriza-se pelo elevado valor acrescentado dos seus produtos e serviços, pela sua dependência de capital humano altamente qualificado e pelo seu impacto significativo na inovação e no desenvolvimento económico.

Importância: Trata-se de um sector emergente com grande potencial de crescimento económico e de competitividade na economia globalizada. O sector quaternário contribui para a geração de novos conhecimentos, a formação de capital humano e a criação de novas oportunidades de negócio.

5. Inter-relações entre sectores:

Os quatro sectores económicos não funcionam de forma isolada, mas estão interligados e dependem uns dos outros. As matérias-primas do sector primário são essenciais para o sector secundário, que por sua vez produz bens que são comercializados e distribuídos pelo sector terciário. O sector quaternário gera o conhecimento e a tecnologia que são utilizados pelos outros sectores para melhorar os seus processos e produtos.

A compreensão dos sectores económicos é fundamental para analisar o funcionamento da economia e o seu impacto na sociedade. Cada sector desempenha um papel crucial na produção, distribuição e consumo de bens e serviços, e a sua inter-relação contribui para o desenvolvimento económico e social de um país. À medida que a economia evolui, a importância dos sectores terciário e quaternário aumenta, reflectindo a importância crescente do conhecimento, da informação e da inovação no mundo de hoje.

CAPÍTULO 2 Recursos naturais: a base das actividades económicas produtivas e do desenvolvimento nacional

2.1. Significado e identificação do conceito de recursos naturais e a importância dos recursos naturais no desenvolvimento económico.

2.2. Definição de recurso natural:

Um recurso natural é definido como um elemento ou componente do ambiente que tem valor intrínseco e pode ser utilizado para satisfazer as necessidades humanas.

Os recursos naturais são essenciais para o desenvolvimento económico e o bem-estar das nações. A sua utilização racional e sustentável é crucial para garantir um futuro próspero e ambientalmente responsável. Este trabalho de investigação analisa em profundidade os recursos naturais, a sua classificação, importância e o papel que desempenham nas actividades económicas produtivas.

Estes recursos dividem-se em dois grandes grupos:

> ➢ Recursos naturais renováveis: aqueles que se podem regenerar naturalmente, como a água, as florestas e a vida selvagem.

> ➢ Recursos naturais não renováveis: São aqueles que existem em quantidades limitadas e não podem ser substituídos a curto prazo, como os minerais e os combustíveis fósseis.

No entanto, a exploração excessiva dos recursos naturais pode ter consequências negativas para o ambiente, como a desflorestação, a poluição e o esgotamento dos recursos hídricos. Por conseguinte, é essencial promover uma utilização racional e sustentável destes recursos, assegurando a sua conservação para as gerações futuras.

2.2.1. Importância dos recursos naturais no desenvolvimento económico:

Os recursos naturais são essenciais para o desenvolvimento económico dos países. Constituem a base das actividades produtivas em sectores como a agricultura, a indústria e a exploração mineira. Prestam também serviços ambientais essenciais, como a regulação do clima, a purificação de água e a produção de oxigénio.

O acesso aos recursos naturais e a sua gestão eficaz são factores essenciais para o crescimento económico, a criação de emprego e a melhoria do bem-estar da população. No entanto, a exploração excessiva destes recursos pode ter consequências negativas para o ambiente, como a desflorestação, a poluição e o esgotamento dos recursos hídricos.

Alguns autores exprimiram a sua opinião sobre a importância dos recursos naturais da seguinte forma:

1. Smith, Adam (1776). A Riqueza das Nações.

Smith considerava os recursos naturais como um fator essencial para o crescimento económico. Defendia que a abundância de recursos naturais e a eficiência na sua utilização eram fundamentais para a prosperidade das nações.

2. Ricardo, David (1817). Princípios de economia política e tributação.

Ricardo sublinhou a importância da terra como recurso natural fundamental. Defendia que a fertilidade do solo e a produtividade agrícola eram determinantes para o bem-estar económico.

3. Malthus, Thomas Robert (1798). Essay on the Principle of Population [Ensaio sobre o Princípio da População].

Malthus alertou para os limites do crescimento da população em relação à disponibilidade de recursos naturais, especialmente alimentos. O seu trabalho gerou debates sobre a importância da gestão sustentável dos recursos e do planeamento familiar.

4. Jevons, William Stanley (1866). A teoria da economia política.

Jevons introduziu o conceito de "economia dos recursos" e alertou para a possibilidade de esgotamento dos recursos não renováveis, como o carvão. O seu trabalho salientou a necessidade de uma utilização eficiente e sustentável dos recursos.

5. Marshall, Alfred (1890). Princípios de economia.

Marshall considerou os recursos naturais como parte do "capital" de uma nação, juntamente com o capital humano e o capital físico. Defendia que o investimento na gestão e desenvolvimento dos recursos naturais era crucial para o crescimento económico a longo prazo.

6. Pigou, Arthur Cecil (1920). The economics of welfare.

Pigou introduziu o conceito de "externalidades" para analisar os impactos ambientais e sociais da exploração dos recursos naturais. Defendeu que as empresas deveriam internalizar estes custos para promover um desenvolvimento económico mais sustentável.

7. Solow, Robert M. (1957). O modelo de crescimento de Solow.

Solow desenvolveu um modelo matemático que sublinhava a importância do capital físico e do capital humano para o crescimento económico. No entanto, o seu modelo não considerava explicitamente o papel dos recursos naturais.

8. Brundtland, Gro Harlem (1987). O Nosso Futuro Comum: Relatório da Comissão Mundial sobre o Ambiente e o Desenvolvimento.

O Relatório Brundtland, também conhecido como Relatório Bruntland, introduziu o conceito de "desenvolvimento sustentável" como uma abordagem que procura equilibrar o crescimento económico com a proteção do ambiente e o bem-estar social. A importância da gestão sustentável dos recursos naturais foi sublinhada neste relatório.

9. Daly, Herman E. (1992). Steady-state economics: A call for a new paradigm (Economia do estado estacionário: um apelo a um novo paradigma).

Daly propôs uma economia de estado estacionário como alternativa ao modelo de crescimento económico ilimitado. Defendia uma utilização limitada dos recursos naturais e uma transição para uma economia mais sustentável.

10. Stiglitz, Joseph E. (2011). O preço do futuro: Um apelo à ação para salvar o planeta.

Stiglitz discute as falhas do mercado e a necessidade de políticas públicas para enfrentar os desafios ambientais, incluindo a sobre-exploração dos recursos naturais e as alterações climáticas. Salienta a importância da avaliação económica dos serviços ecossistémicos e da transição para uma economia verde.

2.3. Recursos naturais renováveis

2.3.1. Águas interiores:

As águas interiores, como os rios, os lagos e as águas subterrâneas, são essenciais para a vida humana e o desenvolvimento económico. São utilizadas para o consumo humano, a agricultura, a indústria, a produção de energia hidroelétrica e a navegação.

Importância das águas interiores como recurso natural renovável

As águas interiores, tais como rios, lagos, lagoas, aquíferos subterrâneos e zonas húmidas, são um recurso natural renovável de importância vital para o planeta e para a humanidade. Estas águas desempenham funções essenciais numa série de domínios, incluindo

Ciclo Hidrológico:

As águas interiores são uma componente fundamental do ciclo hidrológico, que regula a distribuição e o movimento da água na Terra. A água evapora-se dos oceanos, rios, lagos e outras superfícies, condensa-se na atmosfera e depois precipita-se sob a forma de chuva ou neve, regressando à terra para completar o ciclo.

Manter os ecossistemas:

As águas interiores são essenciais para a manutenção de uma grande diversidade de ecossistemas terrestres e aquáticos. Estas águas fornecem habitats para uma grande variedade de plantas e animais, incluindo peixes, anfíbios, répteis, aves e mamíferos. As zonas húmidas, em particular, são consideradas um dos ecossistemas com maior biodiversidade do planeta.

Abastecimento de água doce:

As águas interiores são a principal fonte de água doce para consumo humano, agricultura, indústria e produção de energia hidroelétrica. A água doce é um recurso indispensável à vida e ao desenvolvimento humano, e a sua disponibilidade é essencial para satisfazer as necessidades de uma população em crescimento.

Regulação do clima:

As águas interiores desempenham um papel importante na regulação do clima a nível local e regional. Estas águas absorvem e libertam calor, o que ajuda a moderar os extremos de temperatura e a regular os padrões de precipitação.

Lazer e turismo:

As águas interiores são um recurso importante para o lazer e o turismo. Os rios, lagos e praias oferecem oportunidades para actividades como a natação, a pesca, o mergulho, a navegação e as caminhadas. O turismo relacionado com as águas interiores gera rendimentos económicos significativos para muitas comunidades em todo o mundo.

Resiliência às alterações climáticas:

As águas interiores podem ser um recurso fundamental para a

adaptação às alterações climáticas. Os ecossistemas de água doce podem ajudar a absorver o excesso de água da chuva e reduzir o risco de inundações, enquanto as zonas húmidas podem atuar como barreiras naturais contra a subida do nível do mar.

As águas interiores são um recurso natural renovável de importância vital para o planeta e para a humanidade. A sua conservação e utilização sustentável são essenciais para garantir o bem-estar presente e futuro das gerações vincouras. É essencial proteger os ecossistemas de água doce, promover práticas agrícolas e urbanas sustentáveis e gerir a água de forma responsável para garantir a disponibilidade deste recurso vital para todos.

Apesar de serem um recurso renovável, as águas interiores estão sob pressão devido à poluição, à sobre-exploração e às alterações climáticas.

A gestão sustentável das águas interiores exige uma abordagem holística que tenha em conta as necessidades humanas, a proteção do ambiente e a justiça social.

A participação ativa das comunidades locais e da sociedade civil em geral é essencial para a conservação e a utilização sustentável das águas interiores.

2.3.2. Recursos frutícolas:

Os recursos frutícolas, como as frutas, os legumes e as árvores de fruto, são uma importante fonte de alimentação e nutrição para a população. Além disso, a produção de frutas e produtos hortícolas gera emprego e rendimentos nas zonas rurais.

2.3.3. Solos:

Os solos são um recurso natural vital para a agricultura, proporcionando apoio às plantas e fornecendo-lhes os nutrientes necessários para o seu crescimento. A qualidade do solo é fundamental para a produtividade agrícola e a segurança alimentar.

Ciclo de nutrientes no solo: um processo vital para a vida

O ciclo de nutrientes do solo, também conhecido como ciclo biogeoquímico de nutrientes, é um processo fundamental para a vida na Terra. Este ciclo envolve a transformação e a troca de nutrientes essenciais entre os componentes vivos (plantas, animais e microrganismos) e não vivos (solo, água e ar) do ecossistema.

Fases do ciclo de nutrientes no solo:

O ciclo dos nutrientes no solo pode ser dividido em cinco fases principais:

1. Decomposição:

A matéria orgânica, como folhas mortas, restos de animais e raízes de plantas, é decomposta no solo por microrganismos (bactérias, fungos e outros decompositores). Estes microrganismos libertam nutrientes minerais no solo.

2. Mineralização:

Os nutrientes orgânicos complexos são convertidos em formas inorgânicas simples que as plantas podem absorver. Este processo de mineralização é efectuado pelos microrganismos do solo.

3. Absorção:

As plantas absorvem os nutrientes minerais do solo através das suas raízes. Estes nutrientes são essenciais para o crescimento e desenvolvimento das plantas.

4. Andar de bicicleta:

Os nutrientes circulam na cadeia alimentar. Os animais obtêm os nutrientes de que necessitam através do consumo de plantas ou de outros animais. Os nutrientes não utilizados pelos animais são excretados sob a forma de urina e fezes, regressando ao solo.

5. Perda:

Alguns dos nutrientes podem perder-se do ecossistema através da erosão, da lixiviação (arrastados pela água da chuva) e da volatilização (perda de gases para a atmosfera).

Importância do ciclo de nutrientes no solo:

O ciclo de nutrientes no solo é essencial para a vida na Terra por várias razões:

➢ Fornece nutrientes às plantas: Os nutrientes são essenciais para o crescimento e desenvolvimento das plantas. Sem o ciclo de nutrientes, as plantas não poderiam sobreviver.

➢ Mantém a fertilidade do solo: A decomposição da matéria orgânica e a mineralização dos nutrientes ajudam a manter a fertilidade do solo, tornando-o mais produtivo para o crescimento das plantas.

➢ Regula a qualidade da água: O ciclo de nutrientes ajuda a regular a qualidade da água, absorvendo e filtrando os poluentes do solo.

➢ Contribui para a biodiversidade: O ciclo de nutrientes cria um ambiente saudável para uma grande variedade de organismos vivos, o que contribui para a biodiversidade do ecossistema.

Factores que afectam o ciclo de nutrientes no solo:

Vários factores podem afetar o ciclo de nutrientes no solo, incluindo:

➢ Actividades humanas: A agricultura intensiva, a desflorestação e a poluição do solo podem perturbar o ciclo dos nutrientes e reduzir a fertilidade do solo.

➢ Alterações climáticas: As alterações climáticas podem afetar a disponibilidade de água e a decomposição da matéria orgânica, o que pode ter um impacto negativo no ciclo de nutrientes.

➢ Erosão do solo: A erosão do solo pode levar à perda de nutrientes essenciais, o que pode afetar a produtividade da terra.

Como proteger o ciclo de nutrientes no solo:

É importante tomar medidas para proteger o ciclo de nutrientes no solo, tais como:

➢ Promover práticas agrícolas sustentáveis: A adoção de práticas agrícolas sustentáveis, como a agricultura biológica, a lavoura reduzida e a rotação de culturas, pode ajudar a manter a fertilidade do solo e a reduzir a perda de nutrientes.

➢ Reduzir a poluição do solo: Evitar a utilização excessiva de fertilizantes químicos e pesticidas e gerir corretamente os resíduos das culturas e do gado pode ajudar a reduzir a poluição do solo e a proteger o ciclo dos nutrientes.

➢ Conservar as florestas: As florestas são importantes para regular o ciclo da água e proteger o solo da erosão. A conservação das florestas ajuda a manter o ciclo dos nutrientes no solo.

O ciclo de nutrientes no solo é um processo vital para a vida na Terra. É essencial proteger este ciclo através da adoção de práticas sustentáveis e da redução da poluição do solo, a fim de garantir a fertilidade do solo e a disponibilidade de alimentos para as gerações presentes e futuras.

Capacidade agrológica dos solos do Panamá e sua distribuição

O Panamá possui uma grande diversidade de solos, com

características que variam consideravelmente em todo o território nacional. Esta diversidade deve-se a uma combinação de factores como o clima, a topografia, a geologia e a vegetação. A capacidade agrológica dos solos, definida como a capacidade de um solo para suportar o cultivo de determinados produtos agrícolas de forma sustentável, também varia muito em todo o país.

Classificação da capacidade agrológica dos solos do Panamá:

O Sistema de Classificação de Solos para a Capacidade Agrológica (STC) é o método utilizado no Panamá para avaliar a capacidade agrológica dos solos. Este sistema classifica os solos em oito classes, de acordo com as suas limitações para uso agrícola:

Classe I: Solos com as melhores capacidades para a produção agrícola, com limitações mínimas ou inexistentes. Estes solos são adequados para uma vasta çama de culturas e podem suportar práticas agrícolas intensivas.

Classe II: Solos com algumas limitações para a produção agrícola, que podem ser geridos com práticas agrícolas adequadas. Estes solos são adequados para uma variedade de culturas, mas podem exigir medidas de conservação e uma gestão especial para manter a sua produtividade.

Classe III: Solos com limitações moderadas para a produção agrícola, que requerem práticas agrícolas específicas para manter a sua produtividade. Estes solos são adequados para culturas menos exigentes ou requerem medidas especiais de conservação.

Classe IV: Solos com limitações severas para a produção agrícola, que só são adequados para culturas tolerantes às condições do solo ou para pastoreio extensivo. Estes solos requerem práticas de gestão cuidadosas para evitar a sua degradação.

Classe V: Solos inadequados para a produção agrícola, devido a limitações extremas, como declives acentuados, pedregosidade ou encharcamento permanente. Estes solos podem ser utilizados para a conservação da biodiversidade ou para fins não agrícolas.

Classe VI: Solos com limitações extremas para a produção agrícola, mas que podem ser utilizados para o pastoreio extensivo ou para a produção de lenha ou de madeira. Estes solos requerem práticas de gestão cuidadosas para evitar a sua degradação.

Classe VII: Solos impróprios para a produção agrícola ou para o pastoreio extensivo, devido a limitações extremas, como declives acentuados, pedregosidade ou encharcamento permanente. Estes solos só podem ser utilizados para a conservação da biodiversidade.

Classe VIII: Solos impróprios para qualquer utilização, devido a limitações extremas, como declives acentuados, pedregosidade ou encharcamento permanente. Estes solos só podem ser utilizados para a conservação da biodiversidade.

Distribuição da capacidade agrológica dos solos do Panamá:

A distribuição da capacidade agrológica dos solos no Panamá é desigual. As zonas com maior potencial agrícola encontram-se nas planícies do Pacífico e em algumas zonas do interior do país, como o Vale de Changuinola. Nestas zonas predominam os solos de classe I, II e III, aptos para uma grande variedade de culturas.

As zonas com menor potencial agrícola situam-se nas zonas montanhosas do país, onde predominam os solos das classes IV, V, VI e VII. Estes solos são menos adequados para a produção agrícola e requerem práticas de gestão cuidadosas para evitar a sua degradação.

Importância da capacidade agrológica dos solos:

A informação sobre a capacidade agrológica dos solos é fundamental para o planeamento do uso da terra e para o desenvolvimento de uma agricultura sustentável no Panamá. Esta informação permite identificar as áreas com maior potencial para a produção agrícola e tomar decisões informadas sobre a seleção de culturas, práticas agrícolas e medidas de conservação necessárias.

O Panamá possui uma grande diversidade de solos com diferentes capacidades agrológicas. A distribuição destas capacidades no território nacional é desigual, com áreas de maior e menor potencial agrícola. A informação sobre a capacidade agrológica dos solos é fundamental para o planeamento do uso da terra e para o desenvolvimento de uma agricultura sustentável no país.

A capacidade agrológica dos solos não é um fator estático, mas pode mudar ao longo do tempo devido à ação humana ou a factores naturais como a erosão ou as alterações climáticas.

É importante utilizar práticas agrícolas sustentáveis que conservem a fertilidade e a produtividade do solo.

O planeamento da utilização das terras deve ter em conta a capacidade agrológica dos solos para evitar a degradação ambiental e a perda de produtividade.

2.4. Recursos naturais não renováveis

Os recursos naturais não renováveis são aqueles que, uma vez esgotados, não podem ser substituídos à escala humana num período geológico razoável. Ao contrário dos recursos renováveis, como a água ou as florestas, que podem regenerar-se naturalmente, os recursos não renováveis são finitos e a sua exploração coloca desafios ambientais e económicos significativos.

Importância dos recursos naturais não renováveis:

Os recursos não renováveis têm desempenhado um papel fundamental no desenvolvimento da sociedade moderna. São essenciais para a indústria, os transportes, a produção de energia e o fabrico de uma vasta gama de produtos.

Indústria: Os minerais são utilizados como matérias-primas na produção de aço, alumínio, cimento e outros materiais de construção.

Transportes: Os combustíveis fósseis são a principal fonte de energia para os transportes terrestres, aéreos e marítimos.

Produção de eletricidade: O carvão, o petróleo e o gás natural são utilizados para produzir eletricidade em centrais térmicas.

Fabrico de produtos: Os recursos não renováveis são utilizados no fabrico de uma vasta gama de produtos, desde telemóveis a computadores e automóveis.

2.5. O recurso mineiro:

Os recursos minerais, como o ferro, o cobre, o ouro e o petróleo, são essenciais para a indústria moderna. São utilizados no fabrico de máquinas, equipamentos, veículos e outros produtos.

2.5.1. Minerais mais utilizados e sua comercialização:

Os minerais mais utilizados no mundo são:

➢ Ferro: Utilizado na construção civil, no fabrico de automóveis e noutros produtos.

➢ Petróleo: Utilizado como combustível para transportes, produção de eletricidade e produção de plásticos.

➢ Gás natural: Utilizado como combustível para a produção de eletricidade e aquecimento.

➢ Cobre: Utilizado no fabrico de cabos eléctricos, tubos e outros produtos.

➢ Ouro: Utilizado em joalharia, eletrónica e como reserva de valor.

Os minerais são transaccionados nos mercados internacionais, onde os preços são fixados em função da oferta e da procura. Os países com grandes reservas minerais podem obter receitas de exportação substanciais.

2.5.2. O esgotamento dos recursos minerais e as suas consequências:

A sobre-exploração dos recursos minerais pode levar ao seu esgotamento, com consequências graves para a economia e o bem-estar da população. O esgotamento dos recursos minerais pode levar a:

➢ Aumento dos preços: à medida que os recursos minerais se tornam mais escassos, os seus preços tendem a aumentar.

➢ Insegurança energética: A dependência de combustíveis fósseis, como o petróleo e o gás natural, pode levar à instabilidade do aprovisonamento energético.

➢ Degradação ambiental: A exploração mineira pode ter um impacto negativo no ambiente, como a desflorestação, a poluição da água e a erosão dos solos.

Desafios da exploração de recursos naturais não renováveis:

A sobre-exploração dos recursos não renováveis traz consigo desafios significativos:

➢ Esgotamento: A extração destes recursos a um ritmo acelerado pode levar ao seu esgotamento num futuro relativamente próximo.

➢ Impactos ambientais: A exploração mineira e a extração de combustíveis fósseis podem causar danos ambientais consideráveis, como a poluição da água e do solo, a desflorestação e as emissões de gases com efeito de estufa.

➢ Dependência energética: A dependência dos combustíveis fósseis para a produção de energia torna-nos vulneráveis às flutuações de preços e aos riscos geopolíticos.

Sustentabilidade e alternativas:

É essencial uma abordagem sustentável da gestão dos recursos naturais não renováveis. Isto implica:

➢ Reduzir o consumo: aplique medidas de eficiência energética e promova a utilização de energias renováveis.

➢ Reciclar e reutilizar: Incentive a reciclagem de materiais provenientes de recursos não renováveis para reduzir a procura de novos recursos.

➢ Desenvolver alternativas: Investir na investigação e no desenvolvimento de tecnologias que permitam a utilização de fontes de energia renováveis e de materiais alternativos.

2.6. Atividade mineira no Panamá

História da exploração mineira no Panamá: uma viagem no tempo

O Panamá, situado no coração do istmo centro-americano, tem uma rica história mineira que remonta aos tempos pré-colombianos. Desde a extração de ouro pelos povos indígenas até à exploração do cobre e de outros minerais atualmente, a exploração mineira tem desempenhado um papel significativo no desenvolvimento económico e social do país.

Origens da exploração mineira no Panamá:

Os primeiros indícios de atividade mineira no Panamá remontam a milhares de anos. Os povos indígenas, principalmente os Ngobe-Buglé e os Guna, extraíam ouro dos rios e ribeiros utilizando técnicas rudimentares como a lavagem de areia e a utilização de panelas. O ouro era utilizado para o fabrico de ornamentos, instrumentos cerimoniais e como meio de troca.

Chegada dos espanhóis e exploração em grande escala:

A chegada dos conquistadores espanhóis no século XVI marcou um ponto de viragem na história mineira do Panamá. Os espanhóis, atraídos por histórias de riquezas auríferas, estabeleceram colónias e exploraram intensamente as minas, utilizando mão de obra indígena e escrava. O ouro extraído no Panamá era enviado para Espanha, contribuindo significativamente para a economia do Império Espanhol.

Declínio da exploração mineira colonial e boom no século XIX:

A exploração mineira colonial teve um impacto devastador nas populações indígenas e no ambiente. A sobre-exploração dos recursos, as doenças trazidas pelos espanhóis e a violência contra os indígenas levaram a uma diminução drástica da população indígena e a um declínio da atividade mineira no final do século XVIII.

No entanto, a exploração mineira conheceu um ressurgimento no século XIX com o advento da corrida ao ouro na Califórnia e a construção do caminho de ferro Panamá-Transistémia. O caminho de ferro facilitou o transporte de pessoas e mercadorias entre os oceanos Atlântico e Pacífico, o que impulsionou a procura de ouro nas áreas circundantes ao caminho de ferro.

A exploração mineira moderna e os desafios actuais:

A exploração mineira no Panamá está atualmente concentrada principalmente na exploração de cobre, molibdénio e outros minerais. A indústria mineira gerou receitas significativas para o país e contribuiu para o desenvolvimento de infra-estruturas e a criação de emprego. No entanto, também gerou controvérsia devido aos seus impactos ambientais e sociais.

Impactos ambientais da exploração mineira:

A atividade mineira pode gerar vários impactos ambientais, como a desflorestação, a contaminação da água e do solo, a produção de resíduos tóxicos e a alteração da paisagem. Estes impactos podem afetar a biodiversidade, a saúde das comunidades locais e a qualidade da água potável.

Impactos sociais da exploração mineira:

A exploração mineira pode também gerar impactos sociais negativos, como a deslocação de comunidades, violações dos direitos humanos, conflitos sociais e a precarização do trabalho. É importante que as empresas mineiras implementem medidas para mitigar estes impactos e garantir o respeito pelos direitos humanos e pelo ambiente.

O futuro da exploração mineira no Panamá:

O futuro da exploração mineira no Panamá dependerá da capacidade do país para encontrar um equilíbrio entre o desenvolvimento económico, a proteção do ambiente e o bem-estar social. É essencial que a indústria mineira opere de forma responsável, sustentável e transparente, e que seja garantida a participação das comunidades locais na tomada de decisões relacionadas com a atividade mineira.

2.6.1. Principais zonas mineiras do país:

As principais zonas mineiras do Panamá situam-se nas províncias de Colon, Veraguas, Chiriqui e Bocas del Toro. Os minerais mais explorados no país são o cobre, o ouro, a prata e a bauxite.

2.6.2. Regulamentação nacional da atividade mineira no Panamá:

A atividade mineira no Panamá é regulada pelo Código Mineiro e por outras leis e regulamentos.

Regulamentação nacional da atividade mineira no Panamá: um quadro jurídico complexo A atividade mineira no Panamá é regulamentada por um quadro jurídico complexo que envolve várias leis, decretos, regulamentos e normas técnicas. O principal objetivo desta regulamentação é garantir um desenvolvimento mineiro responsável e sustentável que respeite o ambiente e as comunidades locais.

Principais leis que regulam a atividade mineira no Panamá:

1. Código dos Recursos Minerais (Decreto-lei 23 de 1963): Esta lei estabelece os princípios gerais que regem a atividade mineira no Panamá, incluindo os direitos e obrigações das empresas mineiras, a atribuição de concessões mineiras e a proteção do ambiente.

2. Lei 11 de 1997: Esta lei cria a Autoridade Nacional do Ambiente (ANAM), que é responsável pela proteção ambiental e pela gestão dos recursos naturais. A ANAM desempenha um papel fundamental na regulação da atividade mineira, estabelecendo normas ambientais e concedendo licenças ambientais para projectos mineiros.

3. Lei 69 de 2009: Esta lei cria o Ministério do Ambiente (MiAmbiente), que assume as funções da ANAM na proteção ambiental. O MiAmbiente continua a ser uma entidade chave na regulação da atividade mineira.

4. Lei 12 de 2013: Esta lei cria a Autoridade Nacional para a Transparência e Acesso à Informação (ANTAI), que é responsável por garantir o acesso à informação pública, incluindo informação relacionada com a atividade mineira. A ANTAI desempenha um papel importante na promoção da transparência e da responsabilização no sector mineiro.

Outras leis e regulamentos relevantes:

1. Decreto Executivo 124 de 2014: Este decreto regulamenta o procedimento de obtenção de licenças ambientais para projectos mineiros.

2. Regulamento para a Prevenção e Controlo da Poluição do Ar por Emissões de Fontes Fixas: Este regulamento estabelece os limites máximos permitidos de emissões de poluentes atmosféricos para projectos mineiros.

3. Norma Técnica Ambiental para a Gestão de Resíduos Sólidos Perigosos: Esta norma estabelece os requisitos para a gestão, transporte e eliminação final de resíduos sólidos perigosos gerados pelas actividades mineiras.

Instituições responsáveis pela regulamentação do sector mineiro:

1. Ministério do Comércio e das Indústrias (MICI): é a entidade responsável pela atribuição de concessões mineiras e pela supervisão do cumprimento da regulamentação mineira por parte

das empresas.

2. Ministério do Ambiente (MiAmbiente): É a entidade responsável por assegurar a proteção ambiental e conceder licenças ambientais para projectos mineiros.

3. Autoridade Nacional para a Transparência e Acesso à Informação (ANTAI): É a entidade responsável por garantir o acesso à informação pública relacionada com a atividade mineira.

Desafios da regulamentação mineira no Panamá:

A regulamentação da atividade mineira no Panamá enfrenta vários desafios, tais como:

1. Insuficiências institucionais: A fragmentação das responsabilidades entre diferentes entidades governamentais pode dificultar a aplicação efectiva.

2. Falta de transparência: A falta de acesso à informação pública sobre projectos mineiros pode gerar desconfiança nas comunidades locais e dificultar a participação dos cidadãos nos processos de tomada de decisão.

3. Corrupção: A corrupção pode afetar a transparência e a responsabilidade no sector mineiro, o que pode levar à exploração indevida dos recursos naturais e à violação dos direitos humanos.

A regulamentação da atividade mineira no Panamá é uma questão complexa que exige uma abordagem global que considere os aspectos económicos, ambientais, sociais e institucionais. É essencial reforçar as instituições responsáveis pela regulamentação da atividade mineira, promover a transparência e a participação dos cidadãos e combater a corrupção para garantir um desenvolvimento mineiro sustentável e responsável no país.

2.5.3. Efeitos da atividade mineira no ambiente: uma análise baseada nas avaliações de impacto ambiental (AIA)

A atividade mineira, embora seja uma importante fonte de recursos económicos para muitos países, pode ter um impacto significativo no ambiente. Estes impactos podem ser tanto a curto como a longo prazo e podem afetar vários componentes do ecossistema, incluindo o solo, a água, o ar, a flora e a fauna.

Efeitos no terreno:

1. Erosão e degradação do solo: A remoção da camada superficial do solo durante a extração mineira a céu aberto pode conduzir à erosão, à perda de fertilidade e à desertificação.

2. Contaminação do solo: Os minerais extraídos, os produtos químicos utilizados na transformação dos minerais e os resíduos gerados pela atividade mineira podem contaminar o solo com metais pesados, ácidos e outras substâncias nocivas.

3. Alteração da estrutura do solo: A compactação do solo devido ao movimento de maquinaria pesada pode alterar a estrutura do solo, dificultando a infiltração da água e a circulação do ar.

Efeitos na água:

1. Poluição da água: Os resíduos mineiros, os derrames de produtos químicos e a drenagem ácida das minas podem contaminar as águas superficiais e subterrâneas com metais pesados, ácidos e

outras substâncias nocivas.

2. Diminuição da disponibilidade de água: A atividade mineira pode consumir grandes quantidades de água, o que pode reduzir a disponibilidade de água para outras utilizações, como a agricultura e o consumo humano.

3. Alteração do fluxo de água: A construção de infra-estruturas mineiras, como barragens e canais, pode alterar o fluxo natural da água, afectando os ecossistemas aquáticos e as comunidades locais que deles dependem.

Efeitos no ar:

1. Poluição atmosférica: A atividade mineira gera emissões de poeiras, gases e outros poluentes que podem afetar a qualidade do ar, especialmente nas comunidades próximas das minas.

2. Chuvas ácidas: A emissão de gases como o dióxido de enxofre e o óxido de azoto durante a atividade mineira pode contribuir para a formação de chuvas ácidas, que prejudicam as florestas, as culturas e os ecossistemas aquáticos.

3. Alterações climáticas: A queima de combustíveis fósseis para a produção de energia utilizada na exploração mineira contribui para as emissões de gases com efeito de estufa, o que acelera as alterações climáticas.

Efeitos na flora e na fauna:

1. Perda de habitat: A desflorestação e a destruição de habitats naturais para a construção de minas e a eliminação de resíduos de minas podem afetar a flora e a fauna locais, conduzindo à perda de espécies e à fragmentação dos ecossistemas.

2. Contaminação da cadeia alimentar: Os animais que consomem água ou plantas contaminadas pela atividade mineira podem acumular toxinas nos seus corpos, afectando a sua saúde e reprodução.

3. Alteração do comportamento animal: O ruído, as vibrações e a luz artificial gerados pela atividade mineira podem alterar o comportamento da fauna local, afectando a sua capacidade de alimentação, reprodução e migração.

Atenuação dos impactos ambientais da exploração mineira:

É importante implementar medidas para mitigar os impactos ambientais das actividades mineiras, incluindo:

1. Estudos de impacto ambiental: Realizar estudos de impacto ambiental antes da abertura de uma mina para identificar e avaliar os potenciais impactos ambientais e desenvolver planos de atenuação adequados.

2. Tecnologias limpas: Implementar tecnologias limpas e eficientes para a extração, transformação e transporte de minerais, a fim de reduzir a produção de resíduos e as emissões poluentes.

3. Recuperação ambiental: Implementar planos de recuperação

ambiental para recuperar áreas afectadas pela atividade mineira, reflorestando terras, reabilitando solos e reintroduzindo espécies nativas.

4. Participação da comunidade: Envolver as comunidades locais no planeamento e na execução dos projectos mineiros, assegurando a sua participação na tomada de decisões e na partilha de benefícios.

A atividade mineira pode ter um impacto significativo no ambiente, afectando o solo, a água, o ar, a flora e a fauna. É essencial implementar medidas para mitigar estes impactos, utilizando tecnologias limpas, recuperando as áreas afectadas e assegurando a participação das comunidades locais. A exploração mineira responsável deve procurar um equilíbrio entre a exploração dos recursos minerais e a proteção do ambiente para garantir um desenvolvimento sustentável.

A gravidade dos impactos ambientais da atividade mineira varia em função do tipo de exploração, da geologia do terreno, das práticas utilizadas e das medidas de atenuação aplicadas. Os quadros regulamentares e as políticas são essenciais

CAPÍTULO 3 A energia e a sua importância na economia nacional

A história da utilização da energia está intimamente ligada ao desenvolvimento da humanidade. Nos primórdios, as pessoas dependiam de fontes de energia renováveis, como a madeira, a água em movimento e a energia solar. A Revolução Industrial marcou um ponto de viragem com o desenvolvimento de tecnologias para aproveitar fontes de energia não renováveis, como o carvão e o petróleo. Estas fontes de energia permitiram um crescimento económico sem precedentes, mas também geraram impactos ambientais significativos. Atualmente, a procura de fontes de energia sustentáveis e eficientes é um desafio crucial para o desenvolvimento sustentável.

3.1. Evolução histórica da utilização de energia

Desde a pré-história até aos nossos dias. Veremos como a energia tem sido fundamental para o desenvolvimento da humanidade, impulsionando a produção, os transportes e a qualidade de vida.

3.1.1. Antes da Revolução Industrial

A energia provinha principalmente de fontes renováveis, como a madeira, a água e o vento.

A energia era principalmente utilizada para tarefas domésticas, como cozinhar e aquecer as casas.

Algumas civilizações antigas desenvolveram tecnologias para aproveitar a energia solar e eólica, como espelhos côncavos para concentrar o calor do sol ou moinhos de vento para moer cereais.

Antes da Revolução Industrial, a energia provinha principalmente de fontes renováveis, como a madeira, a água e o vento. Estas fontes de energia eram limitadas e difíceis de controlar, o que restringia o desenvolvimento económico e tecnológico. A lenha era a principal fonte de energia para cozinhar e aquecer as casas, enquanto a energia hídrica era utilizada para moer cereais e bombear água. Algumas civilizações antigas desenvolveram tecnologias para aproveitar a energia solar e eólica, como espelhos côncavos para concentrar o calor do sol ou moinhos de vento para moer cereais. No entanto, estas tecnologias eram rudimentares e não forneciam energia suficiente para alimentar o crescimento económico e social.

3.1.2. A revolução industrial e a evolução dos níveis de produção

A Revo ução Industrial marcou um ponto de viragem na utilização da energia.

Foram desenvolvidas novas tecnologias que permitiram o aproveitamento de fontes de energia não renováveis, como o carvão e o petróleo.

Estas fontes de energia proporcionaram maior poder e controlo, o que levou a um aumento significativo da produção industrial e dos transportes.

A Revolução Industrial marcou um ponto de viragem na utilização da energia. Foram desenvolvidas novas tecnologias que permitiram o aproveitamento de fontes de energia não renováveis, como o carvão e o petróleo. Estas fontes de energia proporcionaram maior potência e controlo, o que levou a um aumento significativo da produção industrial e dos transportes. A disponibilidade de energia em larga escala permitiu o desenvolvimento de máquinas mais eficientes, o crescimento das cidades e a expansão do comércio internacional. A máquina a vapor, inventada por James Watt em 1769, foi um marco fundamental na Revolução Industrial. Permitiu a conversão da energia térmica do carvão em energia mecânica, que podia ser utilizada para alimentar fábricas, comboios e navios. O desenvolvimento do motor de combustão interna no final do século XIX e início do século XX marcou outro avanço importante na utilização da energia. Este motor permitiu o desenvolvimento de automóveis, aviões e outros veículos que revolucionaram os transportes.

Impactos da Revolução Industrial na utilização da energia

Aumento do consumo de energia: A Revolução Industrial conduziu a um aumento exponencial do consumo de energia, impulsionado pela procura crescente de energia para a produção industrial, os transportes e o aquecimento doméstico.

Desenvolvimento de novas tecnologias: A Revolução Industrial impulsionou o desenvolvimento de novas tecnologias para a extração, conversão e distribuição de energia, como a máquina a vapor, o motor de combustão interna e a rede eléctrica.

Alterações na estrutura económica: A disponibilidade de energia em grande escala contribuiu para a transição de uma economia agrária para uma economia industrial, com uma maior ênfase na indústria transformadora e no comércio.

Impactos ambientais: A utilização de combustíveis fósseis não renováveis durante a Revolução Industrial gerou impactos ambientais significativos, como a poluição atmosférica, as chuvas ácidas e as alterações climáticas.

A Revolução Industrial teve um impacto profundo na utilização global da energia. O consumo de energia aumentou exponencialmente devido à procura crescente de energia para a produção industrial, os transportes e o aquecimento doméstico. O desenvolvimento de novas tecnologias, como a máquina a vapor, o motor de combustão interna e a rede eléctrica, tornou possível aproveitar de forma mais eficiente as fontes de energia não renováveis, como o carvão e o petróleo. Estas mudanças impulsionaram a transição de uma economia agrária para uma economia industrial, com uma maior ênfase na indústria transformadora e no comércio. No entanto, a utilização de combustíveis fósseis não renováveis durante a Revolução Industrial também gerou impactos ambientais significativos, como a poluição atmosférica, as chuvas ácidas e as alterações climáticas. Estes impactos ambientais continuam a ser um desafio importante nos dias de hoje e exigem uma ação urgente para os mitigar e reduzir.

3.2. Os diferentes tipos de energia e a sua utilização atual

A energia é classificada em duas categorias principais: renovável e não renovável.

As fontes de energia renováveis são naturalmente reabastecidas, como a energia solar, eólica, hídrica e geotérmica.

As fontes de energia não renováveis são finitas, como o carvão, o petróleo e o gás natural.

Atualmente, são utilizados vários tipos de energia para satisfazer as necessidades da sociedade. As fontes de energia renováveis estão a ganhar cada vez mais importância devido à sua sustentabilidade e menor impacto ambiental. No entanto, as fontes de energia não renováveis continuam a ser predominantes na matriz energética mundial, suscitando preocupações quanto ao esgotamento dos recursos e às emissões de gases com efeito de estufa.

3.2.1 Da água em movimento

A energia hidroelétrica aproveita a força da água em movimento para gerar eletricidade.

É uma fonte de energia renovável, limpa e fiável.

É principalmente utilizado para produzir eletricidade em grande escala.

A energia hidroelétrica é uma das fontes de energia renovável mais importantes do mundo.

É obtida através do aproveitamento da força da água em movimento para fazer girar turbinas que geram eletricidade. É uma fonte de energia limpa e fiável que não produz emissões poluentes. No entanto, a construção de barragens hidroeléctricas pode ter impactos ambientais negativos, como a inundação de habitats naturais e a alteração do caudal dos rios.

3.2.2. De hulha ou de carvão de pedra

O carvão é um combustível fóssil que é utilizado principalmente para gerar eletricidade e calor.

Trata-se de uma fonte de energia não renovável e poluente.

A sua utilização contribui para as emissões de gases com efeito de estufa e para as alterações climáticas.

O carvão é um combustível fóssil que é utilizado há séculos para produzir eletricidade e calor.

É uma fonte de energia não renovável e poluente, uma vez que a sua combustão liberta gases com efeito de estufa e outros poluentes atmosféricos. A utilização do carvão tem sido associada a problemas de saúde respiratória e à degradação ambiental. Apesar dos seus impactos negativos, o carvão continua a ser uma importante fonte de energia em muitos países, especialmente nos que possuem grandes reservas de carvão.

3.2.3. Óleo

O petróleo é um combustível fóssil líquido utilizado principalmente nos transportes e na produção de energia.

É uma fonte de energia não renovável

Principais zonas petrolíferas do mundo: situação atual

A indústria petrolífera é uma das mais importantes do mundo, com uma grande influência na economia global e na geopolítica. O petróleo é um recurso natural não renovável que é utilizado principalmente como combustível para os transportes, a produção de energia e a produção petroquímica.

Distribuição das reservas de petróleo:

As reservas de petróleo estão distribuídas de forma desigual em todo o mundo. Os principais países com reservas de petróleo comprovadas são:

Venezuela: Com 200 mil milhões de barris, a Venezuela possui as maiores reservas de petróleo comprovadas do mundo. No entanto, a produção de petróleo do país diminuiu significativamente nos últimos anos devido à crise económica e política.

Arábia Saudita: Com 174 mil milhões de barris, a Arábia Saudita é o segundo país com maiores reservas comprovadas de petróleo. É um dos principais produtores e exportadores de petróleo do mundo.

Canadá: Com 169 mil milhões de barris, o Canadá possui a terceira maior reserva de petróleo comprovada do mundo. As reservas de petróleo do Canadá encontram-se principalmente nas areias betuminosas de Alberta.

Rússia: Com 158 mil milhões de barris, a Rússia é o quarto país com maiores reservas de petróleo comprovadas. É um grande produtor e exportador de petróleo e gás natural.

Estados Unidos: Com 135 mil milhões de barris, os Estados Unidos são o quinto país com maiores reservas de petróleo comprovadas. Tornou-se o maior produtor de petróleo do mundo graças ao desenvolvimento da técnica de fracking.

Situação atual da indústria petrolífera:

A indústria petrolífera enfrenta atualmente uma série de desafios:

➢ Transição energética: O mundo está a transitar para uma economia com baixas emissões de carbono, o que significa que a procura de petróleo poderá diminuir no futuro. Este facto poderá ter um impacto negativo nos países produtores de petróleo.

➢ Alterações climáticas: As alterações climáticas estão a aumentar a sensibilização para a necessidade de reduzir as emissões de gases com efeito de estufa, o que poderá levar a uma menor procura de combustíveis fósseis como o petróleo.

➢ Instabilidade geopolítica: A instabilidade geopolítica em algumas regiões do mundo pode afetar a produção e o fornecimento de petróleo, o que pode levar à volatilidade dos preços do petróleo.

➢ Desenvolvimento de novas tecnologias: O desenvolvimento de novas tecnologias, como os veículos eléctricos e as energias renováveis, poderá reduzir a dependência do petróleo no futuro.

Apesar destes desafios, a indústria petrolífera continua a ser um sector importante com um papel significativo na economia global. O futuro da indústria petrolífera dependerá da sua capacidade de adaptação às mudanças do mercado e às novas tecnologias.

A distribuição das reservas de petróleo pode mudar ao longo do tempo à medida que novos campos são descobertos ou os campos existentes são esgotados.

A situação atual da indústria petrolífera é complexa e está sujeita a múltiplos factores que podem afetar a sua evolução futura.

A transição energética e a luta contra as alterações climáticas são desafios importantes que a indústria petrolífera deve enfrentar para garantir a sua sustentabilidade a longo prazo.

3.2.4. Vento

A energia eólica aproveita a força do vento para produzir eletricidade.

É uma fonte de energia renovável, limpa e abundante.

É principalmente utilizado em parques eólicos de grande escala.

A energia eólica é uma fonte de energia renovável que está a tornar-se cada vez mais importante nos dias de hoje. É obtida através do aproveitamento da força do vento para fazer girar turbinas que geram eletricidade. É uma fonte de energia limpa e abundante que não produz emissões poluentes. Nos últimos anos, a tecnologia eólica registou grandes desenvolvimentos que permitiram baixar os custos e aumentar a eficiência das turbinas eólicas. Parques eólicos de grande porte estão sendo instalados em várias partes do mundo, contribuindo para a diversificação da matriz energética e para a redução das emissões de gases de efeito estufa.

Energia eólica no Panamá: zonas de parques eólicos, benefícios sociais e económicos

O Panamá registou um crescimento significativo no desenvolvimento da energia eólica nos últimos anos, posicionando-se como um dos líderes na região da América Central. A energia eólica tornou-se uma fonte de energia renovável crucial para o país, contribuindo para a diversificação da matriz energética, a redução da dependência dos combustíveis fósseis e a mitigação das alterações climáticas.

Zonas de parques eólicos:

Os principais locais para a instalação de parques eólicos no Panamá situam-se em:

Península de Azuero: Esta região tem condições climatéricas favoráveis, com ventos fortes e constantes, o que a torna um local ideal para a produção de energia eólica. Atualmente, estão em funcionamento na Península de Azuero vários parques eólicos, como o Parque Eólico de Penonomé e o Parque Eólico de Cañafístula.

Istmo do Panamá: O Istmo do Panamá também oferece um grande potencial para a energia eólica, especialmente nas zonas montanhosas. Estão a ser desenvolvidos projectos para a construção de parques eólicos nesta região, como o Parque Eólico de Changuinola e o Parque Eólico de Penonomé II.

Benefícios sociais e económicos:

A energia eólica no Panamá gera importantes benefícios sociais e económicos, incluindo:

➢ Diversificação da matriz energética: a energia eólica reduz a dependência do país de combustíveis fósseis importados, contribuindo para a segurança energética e a independência nacional.

➢ Redução das emissões de gases com efeito de estufa: A energia eólica não produz emissões poluentes durante o funcionamento, o que ajuda a atenuar as alterações climáticas e a melhorar a qualidade do ar.

➢ Criação de emprego: A construção, exploração e manutenção dos parques eólicos geram empregos directos e indirectos nas comunidades locais.

➢ Desenvolvimento económico local: O investimento em energia eólica impulsiona o desenvolvimento económico das regiões onde os parques eólicos estão localizados, atraindo investimento e gerando oportunidades de negócio.

➢ Redução dos custos energéticos: A longo prazo, a energia eólica pode contribuir para reduzir os custos energéticos para os consumidores, especialmente quando comparada com os preços voláteis dos combustíveis fósseis.

Desafios e oportunidades:

Apesar dos benefícios da energia eólica, há alguns desafios que precisam de ser enfrentados para continuar o seu desenvolvimento sustentável no Panamá:

➢ Variabilidade do vento: A produção de energia eólica depende da força e da direção do vento, o que pode levar à intermitência na produção de eletricidade.

➢ Impactos ambientais: A construção de parques eólicos pode ter alguns mpactos ambientais, como a perda de habitat natural e o ruído gerado pelas turbinas eólicas.

➢ Necessidades de investimento: O investimento inicial em projectos de energia eólica é significativo, o que exige um quadro regulamentar favorável e um financiamento adequado.

No entanto, estes obstáculos podem ser ultrapassados através da aplicação de estratégias adequadas, como o desenvolvimento de tecnologias de armazenamento de energia, a realização de estudos rigorosos de impacto ambiental e a criação de mecanismos de financiamento atractivos para o investimento em energia eólica.

A energia eólica no Panamá representa uma oportunidade significativa para o desenvolvimento sustentável do país, contribuindo para a diversificação da matriz energética, a redução das emissões de gases com efeito de estufa e a criação de empregos e oportunidades económicas. Ao enfrentar os desafios existentes e tirar partido das oportunidades, o Panamá pode continuar a posicionar-se como líder na produção e utilização de energia eólica na região.

3.2.5. Nuclear

A energia nuclear aproveita a energia libertada nas reacções nucleares para gerar eletricidade.

Trata-se de uma fonte de energia controversa devido aos riscos de acidentes e à gestão dos resíduos nucleares.

É principalmente utilizado para produzir eletricidade em grande escala.

A energia nuclear é uma fonte de energia controversa que gera debate a nível mundial. É obtida através da fissão ou fusão de núcleos atómicos, libertando uma grande quantidade de energia que é utilizada para gerar eletricidade. Embora a energia nuclear não produza emissões poluentes durante o seu funcionamento, existem riscos associados a acidentes nucleares e à gestão de resíduos nucleares de alto nível. A tecnologia nuclear registou progressos significativos em matéria de segurança, mas a perceção pública da energia nuclear continua a ser complexa e exige um diálogo aberto e transparente.

Esta energia tem sido utilizada para uma variedade de objectivos, tanto pacíficos como militares. A sua utilização gerou benefícios importantes, como a produção de eletricidade em grande escala e o desenvolvimento de aplicações médicas, mas também teve consequências negativas, como os acidentes nucleares e a proliferação de armas nucleares.

Casos de utilização da energia nuclear:

Produção de eletricidade: A principal aplicação da energia nuclear é a produção de eletricidade em grande escala. As centrais nucleares produzem eletricidade através da cisão ou fusão de núcleos atómicos, libertando uma grande quantidade de energia que é utilizada para fazer girar turbinas e gerar eletricidade.

Aplicações médicas: A energia nuclear é também utilizada em várias aplicações médicas, como a radioterapia para o tratamento do cancro, a produção de radioisótopos para diagnóstico e tratamento médico e a esterilização de equipamento médico.

Propulsão de veículos: A energia nuclear foi utilizada no passado para a propulsão de submarinos e de alguns protótipos de navios e aeronaves. No entanto, esta aplicação não foi amplamente desenvolvida devido aos riscos e desafios técnicos envolvidos.

➢ Armas nucleares: A energia nuclear também tem sido utilizada para o desenvolvimento de armas nucleares, que têm um enorme poder destrutivo e representam uma séria ameaça à segurança global e à paz mundial.

Consequências da utilização da energia nuclear:

➤ Acidentes nucleares: Os acidentes nucleares são acontecimentos graves que podem ter consequências devastadoras para a saúde humana e o ambiente. Alguns dos acidentes nucleares mais conhecidos são o de Chernobyl, em 1986, e o de Fukushima, em 2011.

➤ Proliferação de armas nucleares: A proliferação de armas nucleares é a expansão da capacidade de produzir e utilizar armas nucleares para mais países. Este facto aumenta o risco de guerra nuclear, que pode ter consequências catastróficas para a humanidade.

➤ Resíduos nucleares: A produção de energia nuclear gera resíduos nucleares radioactivos que são difíceis de armazenar e gerir em segurança. Estes resíduos podem contaminar o ambiente e representam

um risco para a saúde humana durante milhares de anos.

Países que utilizam atualmente a energia nuclear:

Atualmente, cerca de 30 países no mundo utilizam a energia nuclear para a produção de eletricidade. Alguns dos principais países com energia nuclear são:

- China: A China é o país com a maior capacidade instalada de energia nuclear do mundo.

- Estados Unidos: Os Estados Unidos são o segundo país do mundo com a maior capacidade instalada de energia nuclear.

- França: A França é o país com a terceira maior capacidade instalada de energia nuclear do mundo.

- Rússia: A Rússia é o país com a quarta maior capacidade instalada de energia nuclear do mundo.

- Coreia do Sul: A Coreia do Sul tem a quinta maior capacidade instalada de energia nuclear do mundo.

Efeitos globais na saúde:

O impacto da energia nuclear na saúde global depende em grande medida da forma como a tecnologia é utilizada. A produção de energia nuclear não produz emissões poluentes durante o funcionamento normal, o que significa que não contribui para a poluição atmosférica ou para as alterações climáticas. No entanto, os acidentes nucleares podem ter consequências graves para a saúde humana, uma vez que a exposição à radiação pode causar cancro, doenças cardíacas e outros problemas de saúde.

Além disso, a gestão dos resíduos nucleares radioactivos também representa um risco para a saúde humana a longo prazo, uma vez que estes resíduos podem contaminar a água, o solo e o ar e expor as pessoas à radiação.

A energia nuclear é uma fonte de energia poderosa que pode ter tanto benefícios como riscos. É importante utilizar esta tecnologia de forma responsável e segura para minimizar os riscos para a saúde humana e o ambiente. A comunidade internacional deve trabalhar em conjunto para evitar a proliferação de armas nucleares e garantir a gestão segura dos resíduos nucleares.

3.2.6. Atómico

A energia atómica é um tipo de energia nuclear que é utilizada principalmente para fins militares.

Baseia-se na fissão nuclear para libertar uma grande quantidade de energia sob a forma de uma explosão.

A sua utilização tem sérias implicações éticas e humanitárias devido ao seu potencial destrutivo.

A energia atómica é um tipo de energia nuclear que é utilizada principalmente para fins militares. Baseia-se na fissão nuclear para libertar uma grande quantidade de energia sob a forma de uma explosão. A sua utilização tem sérias implicações éticas e humanitárias devido ao seu potencial destrutivo. As armas nucleares representam uma séria ameaça à segurança global e à paz mundial. A proliferação nuclear e o risco de guerra nuclear são questões que preocupam a comunidade internacional. É essencial promover o desarmamento nuclear e a não-proliferação, a fim de evitar as consequências catastróficas de um conflito nuclear.

Países que utilizam atualmente a energia atómica: Utilizações específicas e implicações para a saúde humana:

A energia atómica, também conhecida como energia nuclear, é uma fonte de energia controversa que tem sido utilizada para uma variedade de fins desde a sua descoberta em meados do século XX. A sua utilização gerou benefícios importantes, como a produção de eletricidade em grande escala e o desenvolvimento de aplicações médicas, mas também teve consequências negativas, como os acidentes nucleares e a proliferação de armas nucleares.

Países que utilizam atualmente a energia atómica:

Atualmente, cerca de 30 países no mundo utilizam a energia nuclear para a produção de eletricidade. Alguns dos principais países com energia nuclear são:

- China: A China tem a maior capacidade instalada de energia nuclear do mundo, com 54 reactores em funcionamento e 18 em construção. A energia nuclear é responsável por cerca de 5% da produção total de eletricidade na China.
- Estados Unidos: Os Estados Unidos são o país com a segunda maior capacidade instalada de energia nuclear do mundo, com 93 reactores em funcionamento. A energia nuclear é responsável por cerca de 20% da produção total de eletricidade nos EUA.
- França: A França tem a terceira maior capacidade instalada de energia nuclear do mundo, com 56 reactores em funcionamento. A energia nuclear é responsável por cerca de 70% da produção total de eletricidade em França.
- Rússia: A Rússia tem a quarta maior capacidade instalada de energia nuclear do mundo, com 37 reactores em funcionamento. A energia nuclear é responsável por cerca de 17% da produção total de eletricidade na Rússia.
- Coreia do Sul: A Coreia do Sul tem a quinta maior capacidade instalada de energia nuclear do mundo, com 24 reactores em funcionamento. A energia nuclear é responsável por cerca de 25% da produção total de eletricidade da Coreia do Sul.

Utilizações específicas da energia atómica:

A principal aplicação da energia nuclear é a produção de eletricidade em grande escala. As centrais nucleares produzem eletricidade através da cisão ou fusão de núcleos atómicos, libertando uma grande quantidade de energia que é utilizada para fazer girar turbinas e gerar eletricidade.

Para além da produção de eletricidade, a energia nuclear é também utilizada em várias aplicações médicas, como a radioterapia para o tratamento do cancro, a produção de radioisótopos para diagnóstico e tratamento médico e a esterilização de equipamento médico.

Em menor escala, a energia nuclear foi utilizada no passado para a propulsão de veículos, como submarinos e alguns protótipos de navios e aeronaves. No entanto, esta aplicação não foi amplamente desenvolvida devido aos riscos e desafios técnicos envolvidos.

Consequências para a saúde humana:

O impacto da energia nuclear na saúde global depende em grande medida da forma como a tecnologia é utilizada. A produção de energia nuclear não produz emissões poluentes durante o funcionamento normal, o que significa que não contribui para a poluição atmosférica ou para as alterações climáticas. No entanto, existem riscos associados à energia nuclear que podem afetar a saúde humana:

Acidentes nucleares: Os acidentes nucleares são acontecimentos graves que podem ter consequências devastadoras para a saúde humana e o ambiente. Alguns dos acidentes nucleares mais conhecidos são o de Chernobyl, em 1986, e o de Fukushima, em 2011. Estes acidentes expuseram milhares de

pessoas à radiação, causando cancro, doenças cardíacas e outros problemas de saúde a longo prazo.

Exposição às radiações: A exposição a radiações ionizantes, quer através de um acidente nuclear ou do contacto com materiais radioactivos, pode causar uma série de problemas de saúde, incluindo cancro, doenças cardíacas, danos no sistema reprodutivo e problemas de desenvolvimento nas crianças.

Gestão dos resíduos nucleares: A produção de energia nuclear gera resíduos nucleares radioactivos que são difíceis de armazenar e gerir em segurança. Estes resíduos podem contaminar a água, o solo e o ar e expor as pessoas à radiação.

A energia nuclear é uma fonte de energia poderosa que pode ter tanto benefícios como riscos. É importante utilizar esta tecnologia de forma responsável e segura para minimizar os riscos para a saúde humana e o ambiente. A comunidade internacional deve trabalhar em conjunto para evitar a proliferação de armas nucleares e garantir a gestão segura dos resíduos nucleares.

3.2.7. Biomassa.

A biomassa é um material orgânico que é utilizado para gerar energia.

Inclui madeira, resíduos agrícolas e outros materiais orgânicos.

É utilizado principalmente para gerar eletricidade e calor.

A biomassa é uma fonte de energia renovável obtida a partir de materiais orgânicos como a madeira, os resíduos agrícolas, os resíduos florestais e as culturas energéticas. A biomassa pode ser utilizada para gerar eletricidade, calor e biocombustíveis. É uma fonte de energia relativamente limpa, mas a sua utilização pode ter impactos ambientais se não for gerida de forma sustentável. A produção de biomassa em grande escala pode levar à desflorestação, à perda de biodiversidade e às emissões de gases com efeito de estufa. É importante promover práticas sustentáveis de produção e utilização da biomassa para garantir a sua contribuição efectiva para a transição energética.

A biomassa tornou-se uma fonte de energia renovável cada vez mais importante no mundo atual. Trata-se de materiais orgânicos, como a madeira, os resíduos agrícolas e as culturas energéticas, que podem ser utilizados para produzir eletricidade, calor e biocombustíveis. A utilização da biomassa oferece uma série de vantagens em relação aos combustíveis fósseis tradicionais, como a redução das emissões de gases com efeito de estufa, a melhoria da segurança energética e a criação de emprego.

Países que utilizam biomassa:

A utilização da biomassa está generalizada em todo o mundo, com países que a utilizam em diferentes graus. Alguns dos principais países consumidores de biomassa são:

- União Europeia: A União Europeia é o maior consumidor de biomassa do mundo, com uma utilização que representa cerca de 10% do consumo total de energia.

- Estados Unidos: Os Estados Unidos são o segundo maior consumidor de biomassa do mundo, com uma utilização que representa cerca de 5% do consumo total de energia.

- Brasil: O Brasil é o terceiro maior consumidor de biomassa do mundo, com uma utilização que representa cerca de 40% do consumo total de energia.

- China: A China é o quarto maior consumidor de biomassa do mundo, com uma utilização que representa cerca de 10% do consumo total de energia.

- Índia: A Índia é o quinto maior consumidor de biomassa do mundo, com um consumo estimado de

que representa cerca de 30% do consumo total de energia.

Aplicações de biomassa:

A biomassa tem uma vasta gama de aplicações, incluindo:

- Produção de eletricidade: A biomassa pode ser utilizada para alimentar centrais eléctricas que produzem eletricidade a partir do vapor produzido pela combustão de material orgânico.

- Aquecimento: A biomassa pode ser utilizada para aquecer casas e edifícios por combustão direta ou em caldeiras de biomassa.

- Produção de biocombustíveis: A biomassa pode ser utilizada para produzir biocombustíveis como o biodiesel e o etanol, que podem ser utilizados nos transportes e noutras aplicações.

- Produtos químicos: A biomassa pode ser utilizada para produzir uma variedade de produtos químicos.

de produtos químicos, tais como plásticos, resinas e fertilizantes.

Efeitos na saúde:

A biomassa pode ter alguns efeitos negativos para a saúde se não for utilizada de forma sustentável. A combustão da biomassa pode emitir poluentes atmosféricos, como partículas finas e materiais orgânicos voláteis, que podem afetar a qualidade do ar e a saúde respiratória.

No entanto, a biomassa pode também ter alguns benefícios para a saúde. Por exemplo, a utilização de biomassa para aquecimento pode ajudar a reduzir a dependência dos combustíveis fósseis, o que pode levar a uma melhor qualidade do ar e a uma menor incidência de doenças respiratórias.

Vantagens da utilização da biomassa:

A utilização da biomassa oferece uma série de vantagens em relação aos combustíveis fósseis tradicionais, incluindo

- ➢ Redução das emissões de gases com efeito de estufa: A biomassa é uma fonte de energia renovável que não liberta gases com efeito de estufa para a atmosfera, o que pode ajudar a mitigar as alterações climáticas.

➤ Melhoria da segurança energética: A biomassa é uma fonte de energia doméstica que pode reduzir a dependência das importações de combustíveis fósseis, o que pode melhorar a segurança energética de um país.

➤ Criação de emprego: A indústria da biomassa cria emprego numa variedade de sectores, incluindo a agricultura, a silvicultura, a indústria transformadora e a construção.

➤ Desenvolvimento rural: A produção de biomassa pode proporcionar rendimentos e oportunidades de desenvolvimento às comunidades rurais.

➤ Sustentabilidade: A biomassa pode ser uma fonte de energia sustentável se for gerida de forma responsável, assegurando que a taxa de colheita não excede a taxa de renovação natural.

A biomassa é uma fonte de energia renovável versátil e sustentável que oferece uma série de benefícios em relação aos combustíveis fósseis tradicionais. A sua utilização pode ajudar a reduzir as emissões de gases com efeito de estufa, melhorar a segurança energética, criar emprego e promover o desenvolvimento rural. À medida que o mundo procura fontes de energia mais limpas e mais sustentáveis, a biomassa desempenhará um papel cada vez mais importante no futuro energético.

3.2.8. Geotérmica.

A energia geotérmica aproveita o calor interno da Terra para gerar eletricidade.

É uma fonte de energia renovável, limpa e fiável.

É principalmente utilizado para produzir eletricidade em grande escala.

A energia geotérmica é uma fonte de energia renovável que aproveita o calor interno da Terra para gerar eletricidade. É obtida através da extração de vapor ou água quente de poços profundos, que é depois utilizada para fazer girar turbinas que geram eletricidade. A energia geotérmica é uma fonte de energia limpa e fiável que não produz emissões poluentes. No entanto, o seu desenvolvimento pode ter impactos ambientais, como as emissões de gases com efeito de estufa, a perturbação da paisagem e o consumo de água. É importante realizar estudos de impacto ambiental e desenvolver projectos geotérmicos de forma responsável para minimizar estes impactos.

Potenciais efeitos negativos da energia geotérmica

Embora a energia geotérmica seja considerada uma fonte de energia renovável e limpa, a sua utilização pode também ter alguns impactos amb entais e sociais negativos. É importante considerar estes aspectos para um desenvolvimento sustentável da energia geotérmica.

Impactos ambientais:

- Emissão de gases: A extração de vapor e de água quente do subsolo pode libertar gases como o dióxido de carbono, o metano e o sulfureto de hidrogénio para a atmosfera. Embora as emissões da energia geotérmica sejam geralmente baixas em comparação com os combustíveis fósseis, podem ainda assim contribuir para a poluição atmosférica e o efeito de estufa, especialmente em centrais geotérmicas com elevados níveis de gases não condensáveis.

- Perturbação da água: A água geotérmica extraída pode conter minerais e contaminantes que, se não forem devidamente tratados antes da re-injeção, podem poluir as águas superficiais e subterrâneas. É crucial implementar sistemas eficientes de tratamento de água para minimizar este impacte.

- Sismicidade: A injeção de água no subsolo para gerar vapor pode induzir pequenos sismos em algumas áreas. Embora estes sismos sejam geralmente ligeiros, em regiões com elevada atividade sísmica, são necessários estudos cuidadosos e medidas para prevenir ou mitigar os sismos induzidos.

- Ruído e vibrações: O funcionamento de algumas centrais geotérmicas pode gerar ruído e vibrações que podem afetar as comunidades vizinhas. É importante implementar medidas de controlo do ruído e das vibrações para minimizar estes incómodos.

- Impacto visual: A construção de centrais geotérmicas e torres de arrefecimento pode ter um impacto visual na paisagem, especialmente em zonas sensíveis ou esteticamente valiosas. É importante considerar a conceção e a localização das instalações para minimizar este impacto.

Impactos sociais:

- Acesso à água: A extração de água geotérmica pode afetar a disponibilidade de água para outras utilizações, como a agricultura ou o consumo humano, especialmente em zonas com escassez de água. É crucial realizar estudos de impacto hídrico e estabelecer planos ce gestão da água para garantir uma utilização equitativa e sustentável do recurso.

- Direitos fundiários: O desenvolvimento de projectos geotérmicos pode gerar conflitos sobre a utilização da terra, especialmente com comunidades indígenas ou locais que dependem da terra para a sua subsistência. É essencial estabelecer um diálogo transparente e processos de participação que garantam o respeito pelos direitos fundiários e uma distribuição justa dos benefícios.

- Riscos profissionais: Os trabalhadores da indústria geotérmica podem estar expostos a riscos profissionais, tais como acidentes, exposição a gases nocivos e condições de trabalho extremas. É necessário implementar medidas adequadas de saúde e segurança no trabalho para proteger os trabalhadores.

Atenuação dos impactos negativos:

Para minimizar os impactos negativos da energia geotérmica, é necessário:

- ➢ Realizar estudos rigorosos de impacto ambiental e social antes de desenvolver projectos geotérmicos.
- ➢ Aplicar tecnologias eficientes e limpas para a extração, tratamento e reinjecção de água geotérmica.
- ➢ Aplicar medidas de controlo das emissões para reduzir a libertação de gases para a atmosfera.

➢ Monitorize e gira cuidadosamente a utilização da água para garantir a disponibilidade do recurso para outras utilizações.

➢ Estabelecer um diálogo transparente e processos de envolvimento com as comunidades locais para responder às suas preocupações e garantir uma partilha justa dos benefícios.

➢ Cumpra as normas e regulamentos ambientais e sociais para garantir o desenvolvimento sustentável da energia geotérmica.

A energia geotérmica oferece uma fonte de energia renovável com benefícios significativos, mas é crucial considerar e mitigar os seus potenciais impactos ambientais e sociais para garantir um desenvolvimento sustentável. A implementação de boas práticas, a participação ativa das comunidades e o cumprimento da regulamentação ambiental são essenciais para que a energia geotérmica contribua para um futuro energético limpo e sustentável.

3.3. Tecnologias de produção de energia no mundo atual: uma análise detalhada

O mundo atual enfrenta um panorama energético complexo e exigente. A crescente procura de energia, o esgotamento dos recursos fósseis tradicionais, as alterações climáticas e as crises geopolíticas evidenciaram a necessidade de uma abordagem mais sustentável e eficiente da produção de energia. Neste contexto, várias tecnologias estão a surgir como alternativas viáveis para satisfazer as necessidades energéticas do presente e do futuro.

3.4. Países com maior produção de energia.

Países com a maior produção de energia do mundo atualmente (2024)

O panorama energético mundial está em constante mudança, com o aparecimento de novos actores e a rápida evolução das tecnologias. No entanto, alguns países permanecem na vanguarda da produção de energia, satisfazendo a procura interna e exportando excedentes para outras nações. Abaixo está uma análise dos 10 países com maior produção de energia no mundo atualmente (2024), considerando tanto as fontes renováveis como os combustíveis fósseis:

1. China:

Produção total: 14.100 TWh (terawatts-hora)

Principais fontes: Carvão (62%), Hidroelétrica (17%), Nuclear (5%)

Características: A China é o maior produtor e consumidor de energia do mundo, com uma matriz energética altamente dependente do carvão. No entanto, está a investir fortemente nas energias renováveis e na energia nuclear para diversificar o seu cabaz energético e reduzir as emissões de gases com efeito de estufa.

2. Estados Unidos:

Produção total: 10.000 TWh

Principais fontes: Petróleo (31%), gás natural (30%), carvão (22%)

Características: Os Estados Unidos são o segundo maior produtor de energia do mundo, com uma matriz energética baseada principalmente em combustíveis fósseis. No entanto, também está a registar um crescimento significativo na produção de energias renováveis, especialmente solar e eólica.

3. Índia:

Produção total: 7.100 TWh

Principais fontes: Carvão (70%), Hidroelétrica (12%), Renováveis (9%)

Características: A Índia é o terceiro maior produtor de energia do mundo e o maior consumidor de carvão do mundo. Apesar da sua dependência do carvão, a Índia está a investir fortemente nas energias renováveis, especialmente na energia solar e eólica, para satisfazer a sua crescente procura de energia.

4. Rússia:

Produção total: 6.700 TWh

Principais fontes: Petróleo (36%), gás natural (47%), carvão (13%)

Características: A Rússia é o quarto maior produtor mundial de energia e um importante exportador de petróleo e gás natural. A sua matriz energética baseia-se principalmente em combustíveis fósseis, mas está também a desenvolver a sua capacidade de energia nuclear.

5. Japão:

Produção total: 3.300 TWh

Principais fontes: Gás natural liquefeito (GNL) (40%), Carvão (27%), Nuclear (21%)

Características: O Japão é o quinto maior produtor de energia do mundo, mas está fortemente dependente da importação de combustíveis fósseis. Está a implementar medidas para aumentar a eficiência energética e desenvolver fontes de energia renováveis, como a energia solar e eólica.

6. Canadá:

Produção total: 3.200 TWh

Principais fontes: Petróleo (38%), Gás natural (30%), Hidroelétrica (27%)

Características: O Canadá é o sexto maior produtor de energia do mundo e um grande exportador de petróleo e gás natural. A sua matriz energética inclui uma proporção significativa de energia hidroelétrica.

7. Arábia Saudita:

Produção total: 3.100 TWh

Principais fontes: Petróleo (86%), gás natural (12%)

Características A Arábia Saudita é o sétimo maior produtor de energia do mundo e o maior exportador de petróleo do mundo. A sua economia está fortemente dependente da produção e exportação de petróleo, o que coloca desafios à diversificação da sua matriz energética e à redução da sua dependência dos combustíveis fósseis.

8. Alemanha:

Produção total: 3.000 TWh

Principais fontes: Carvão (38%), Renováveis (32%), Gás natural (18%)

Características A Alemanha é o oitavo maior produtor de energia do mundo e líder na transição para as energias renováveis. Investiu fortemente em energia solar, eólica e biomassa, e tem como objetivo atingir uma matriz energética 100% renovável até 2045.

9. Coreia do Sul:

Produção total: 2.800 TWh

Principais fontes: Carvão (31%), Gás natural (30%), Nuclear (26%)

Características A Coreia do Sul é o nono maior produtor de energia do mundo e está fortemente dependente das importações de combustíveis fósseis. Está a desenvolver a sua capacidade nuclear e de energias renováveis para reduzir a sua dependência das importações e melhorar a segurança energética.

3.5. Crise energética mundial e suas implicações.

O mundo está a enfrentar uma crise energética sem precedentes, caracterizada pelo aumento da procura, pela escassez de recursos fósseis, pelo aumento dos preços e pelas repercussões geopolíticas. Esta crise tem um impacto significativo em todos os continentes, afectando não só a economia e o desenvolvimento, mas também a vida quotidiana das pessoas. Segue-se uma análise pormenorizada da crise energética mundial e das suas implicações por continente:

Europa:

Desafios principais: A Europa está fortemente dependente das importações de gás natural da Rússia, o que a tornou vulnerável a perturbações no abastecimento e a aumentos de preços na sequência da invasão da Ucrânia. A região também enfrenta desafios para aumentar a produção de energias renováveis e reduzir a dependência dos combustíveis fósseis.

Implicações: A crise energética na Europa levou a um aumento significativo dos preços da energia, o que gerou inflação, afectou a competitividade das empresas e aumentou a pobreza energética. Os governos adoptaram medidas de emergência, como o racionamento de energia e os subsídios, para atenuar o impacto da crise.

América do Norte:

Principais desafios: Embora a América do Norte seja um grande produtor de petróleo e gás natural, a região também enfrenta desafios para aumentar a eficiência energética e reduzir as emissões de gases com efeito de estufa. Além disso, a dependência do transporte automóvel baseado na gasolina torna-a vulnerável aos aumentos do preço do petróleo.

Implicações: A crise energética na América do Norte levou ao aumento dos preços da gasolina e da eletricidade, com impacto nos orçamentos das famílias e das empresas. Os governos implementaram medidas para aumentar a produção interna de energia e promover a utilização de veículos eléctricos.

Ásia:

Desafios fundamentais: A Ásia é a região do mundo mais ávida de energia e a sua dependência dos combustíveis fósseis é elevada. Este facto cria desafios em termos de segurança energética, poluição atmosférica e alterações climáticas. A região também enfrenta desafios no desenvolvimento e financiamento de projectos de energias renováveis em grande escala.

Implicações: A crise energética na Ásia conduziu ao aumento dos preços da energia, o que teve impacto no crescimento económico e na pobreza energética. Os governos da região estão a aplicar políticas para aumentar a eficiência energética, diversificar o cabaz energético e investir nas energias renováveis.

América do Sul:

Principais desafios: A América do Sul tem um grande potencial para a produção de energias renováveis, mas a falta de infra-estruturas, o subinvestimento e a instabilidade política impedem o seu desenvolvimento. A região também enfrenta desafios para reduzir a dependência de combustíveis fósseis e melhorar a eficiência energética.

Implicações: A crise energética na América do Sul levou ao aumento dos preços da energia, especialmente nos países dependentes de importações. Os governos da região estão a implementar políticas para promover o desenvolvimento das energias renováveis, melhorar a eficiência energética e reforçar a integração energética regional.

África:

Principais desafios: África tem um grande potencial para a produção de energias renováveis, mas o acesso à energia continua a ser um grande problema para muitos países. A falta de infra-estruturas, o subinvestimento e a pobreza são desafios adicionais para o desenvolvimento do sector da energia.

Implicações: A crise energética em África limita o desenvolvimento económico e aumenta a pobreza energética. Os governos da região estão a implementar políticas para aumentar o acesso à energia, promover o desenvolvimento das energias renováveis e reforçar a cooperação regional no domínio da energia.

A crise energética mundial é um desafio complexo com implicações que abrangem todos os continentes. Embora cada região enfrente desafios específicos, existem também oportunidades para a colaboração internacional e o desenvolvimento de soluções sustentáveis. A transição para uma matriz energética mais limpa e sustentável é crucial para enfrentar a crise energética, atenuar as alterações climáticas e garantir um futuro energético seguro e próspero para todos.

3.6.   Recursos energéticos ameaçados.

A crescente procura de energia, a dependência dos combustíveis fósseis e as práticas de extração não sustentáveis ameaçam a disponibilidade de vários recursos energéticos em todo o mundo. De seguida, apresentamos uma análise dos recursos energéticos ameaçados por continente:

Europa:

Carvão: A UE estabeleceu objectivos ambiciosos para reduzir a dependência do carvão, o que levou ao encerramento de minas e ao declínio da produção. No entanto, alguns países continuam a depender fortemente do carvão para a produção de eletricidade, o que suscita preocupações quanto ao seu impacto ambiental e social.

Petróleo e gás natural: A produção de petróleo e gás natural da Europa está a diminuir, obrigando a região a depender cada vez mais das importações. Este facto torna-a vulnerável a aumentos de preços e a perturbações no abastecimento, como as que ocorreram recentemente devido à invasão da Ucrânia pela Rússia.

América do Norte:

Petróleo: A produção convencional de petróleo nos EUA está a atingir o seu pico, o que leva a uma procura de fontes alternativas, como o petróleo de xisto e as areias betuminosas. No entanto, estas formas de extração são altamente poluentes e consomem muita água, suscitando preocupações ambientais e sociais.

Gás natural: A produção de gás natural nos Estados Unidos aumentou significativamente nos últimos anos, graças ao desenvolvimento da fracturação hidráulica (fracking). No entanto, o fracking também tem sido associado à poluição da água, a terramotos e a emissões de gases com efeito de estufa.

Ásia:

Carvão: A Ásia é o maior consumidor de carvão do mundo e a procura de carvão continua a crescer. Este facto suscita preocupações quanto à poluição atmosférica, às emissões de gases com efeito de estufa e ao impacto na saúde pública.

Petróleo e gás natural: A Ásia é também um grande consumidor de petróleo e de gás natural, e a sua dependência das importações está a aumentar. Este facto torna-a vulnerável a aumentos de preços e a perturbações no abastecimento.

América do Sul:

Petróleo: A Venezuela possui as maiores reservas de petróleo do mundo, mas a produção diminuiu significativamente nos últimos anos devido à instabilidade política e económica. Este facto suscitou preocupações quanto à segurança energética da região.

Gás natural: A Bolívia possui reservas significativas de gás natural, mas enfrenta desafios para desenvolver e exportar o seu gás devido à falta de infra-estruturas e a dificuldades logísticas.

África:

Petróleo: A Nigéria é o maior produtor de petróleo de África, mas a sua indústria petrolífera enfrenta desafios como a corrupção, a instabilidade política e a degradação ambiental.

Gás natural: Moçambique possui as maiores reservas de gás natural em África, mas o seu desenvolvimento enfrenta desafios como a falta de infra-estruturas, financiamento e segurança.

3.7.   Implicações económicas da tecnologia na produção de energia
A tecnologia desempenha um papel crucial na produção de energia, e a sua evolução
tem profundas implicações económicas. Segue-se uma análise detalhada das implicações económicas da tecnologia para a produção de energia:

1. Custos de produção:

- Redução dos custos: As novas tecnologias podem reduzir os custos de produção de energia de várias formas, tais como:

- Melhorias na eficiência: Tecnologias como turbinas eólicas mais eficientes, painéis solares de maior desempenho e baterias de maior capacidade reduzem a quantidade de recursos necessários para gerar a mesma quantidade de energia.

- Automatização: A automatização dos processos nas centrais eléctricas, como o controlo remoto das turbinas e a gestão inteligente da rede, pode reduzir os custos de mão de obra e melhorar a eficiência operacional.

- Novas fontes de energia: O desenvolvimento de fontes de energia renováveis, como a energia solar, eólica e hidroelétrica, pode reduzir a dependência de combustíveis fósseis caros e voláteis.

- Aumento dos custos: No entanto, algumas novas tecnologias podem também implicar custos iniciais mais elevados, como por exemplo:

- Investigação e desenvolvimento: O investimento em investigação e desenvolvimento de novas tecnologias energéticas pode ser significativo, aumentando os custos iniciais de implementação.

- Infra-estruturas: A construção de novas infra-estruturas para a utilização de energias renováveis, tais como redes inteligentes e estações de carregamento para veículos eléctricos, pode exigir investimentos significativos.

2. Emprego:

> Criação de emprego: A indústria das energias renováveis é um sector em rápido crescimento que gera novos empregos em áreas como o fabrico, a instalação, a manutenção e a investigação.

> Exemplos: A instalação de painéis solares cria empregos no fabrico de painéis, na instalação e na manutenção de sistemas solares. A construção de parques eólicos cria empregos no fabrico de turbinas eólicas, na construção de parques eólicos e na manutenção das instalações.

> Perda de postos de trabalho: A transição para as energias renováveis pode levar à perda de postos de trabalho na indústria

dos combustíveis fósseis, como a extração de carvão, a extração de petróleo e gás natural e a exploração de centrais eléctricas alimentadas a combustíveis fósseis.

➤ Exemplos: A redução da utilização de carvão pode levar ao encerramento de minas de carvão e à perda de emprego dos mineiros. A diminuição da procura de petróleo e gás natural pode afetar a indústria do petróleo e do gás, o que pode levar a despedimentos nas empresas de exploração, produção e refinação.

➤ Reciclagem e reutilização: A indústria das energias renováveis também pode gerar empregos na reciclagem e reutilização de materiais utilizados em tecnologias energéticas, como baterias e painéis solares.

3. Competência:

➤ Novas oportunidades: A inovação tecnológica abre novas oportunidades para as empresas e os países competirem no mercado global da energia.

➤ Exemplos: Os países que lideram o desenvolvimento de tecnologias de energias renováveis podem tornar-se exportadores dessas tecnologias e dos serviços associados. As empresas que desenvolvem tecnologias inovadoras para a produção de energia podem obter uma vantagem competitiva no mercado.

➤ Intensificação da concorrência: A concorrência no mercado da energia pode intensificar-se à medida que as novas tecnologias reduzem os custos e aumentam a eficiência. Tal pode conduzir a uma descida dos preços da energia e a um maior acesso dos consumidores à energia.

4. Investimento:

> Atrair investimento: As tecnologias energéticas inovadoras podem atrair o investimento de capital privado e público, o que pode impulsionar o crescimento económico e a criação de emprego.

> Exemplos: Os governos podem oferecer incentivos fiscais e subsídios para promover o investimento em energias renováveis. As empresas privadas podem investir na investigação e no desenvolvimento de novas tecnologias energéticas com potencial para um elevado retorno do investimento.

> Riscos de investimento: No entanto, os investimentos em novas tecnologias energéticas podem também implicar riscos, tais como:

> Incerteza tecnológica: O sucesso das novas tecnologias energéticas não é garantido e alguns investimentos podem falhar.

> Alterações nas políticas governamentais: As alterações nas políticas governamentais de apoio às energias renováveis podem afetar negativamente a rentabilidade dos investimentos neste sector.

3.8. Segurança energética:

Reduzir a dependência das importações: O desenvolvimento de fontes de energia renováveis nacionais pode reduzir a dependência das importações de combustíveis fósseis, o que melhora a segurança energética de um país.

Exemplo: Um país que invista em energia solar pode reduzir a sua dependência das importações de petróleo, o que o torna menos vulnerável às flutuações do preço do petróleo no mercado mundial.

Desafios da segurança energética no Panamá:

1. Elevada dependência das importações de petróleo: o Panamá depende fortemente das importações de petróleo para satisfazer a sua procura de energia, o que o.torna vulnerável às flutuações dos preços do petróleo no mercado internacional.

2. Produção limitada de energias renováveis: Apesar do seu potencial de produção de energias renováveis, o Panamá ainda não desenvolveu plenamente estas fontes de energia, como a energia solar, eólica e hidroelétrica.

3. Infra-estruturas energéticas deficientes: As infra-estruturas energéticas do Panamá, tais como as redes de transmissão e distribuição, necessitam de ser melhoradas, a fim de

assegurar um aprovisionamento energético fiável e eficiente.

4. Crescimento da procura de energia: A procura de energia no Panamá está a aumentar devido ao crescimento da população e ao desenvolvimento económico, o que exerce pressão sobre o atual sistema energético.

Oportunidades para melhorar a segurança energética no Panamá:

1. Desenvolver fontes de energia renováveis: o Panamá tem um grande potencial para a produção de energia solar, eólica e hidroelétrica, o que pode reduzir a sua dependência das importações de petróleo e aumentar a segurança energética.

2. Melhorar a eficiência energética: A aplicação de medidas de eficiência energética em todos os sectores, como a utilização de aparelhos e veículos eficientes, pode reduzir a procura de energia e melhorar a segurança energética.

3. Reforçar as infra-estruturas energéticas: O investimento na modernização e expansão das redes de transporte e distribuição de energia pode garantir um abastecimento fiável e eficiente de energia em todo o país.

4. Promover a integração energética regional: A colaboração com os países vizinhos no desenvolvimento de projectos energéticos regionais, como as redes eléctricas transfronteiriças, pode melhorar a segurança energética e a estabilidade do abastecimento de energia.

Estratégias para alcançar um futuro energético seguro e sustentável no Panamá:

1. Estabeleça um quadro regulamentar sólido: Implemente um quadro regulamentar que incentive o investimento em energias renováveis, eficiência energética e eficiência energética.

   modernização das infra-estruturas energéticas.

2. Incentivar a investigação e o desenvolvimento: Investir na investigação e no desenvolvimento de tecnologias energéticas inovadoras para melhorar a eficiência e reduzir o custo das energias renováveis.

3. Promover a educação e a sensibilização: Eduque a população sobre a importância da segurança energética e das práticas responsáveis de consumo de energia.

4. Incentivar a participação do sector privado: Criar um ambiente propício ao investimento do sector privado em projectos de modernização das energias renováveis, da eficiência energética e das infra-estruturas energéticas.

A segurança energética é uma questão fundamental para o desenvolvimento sustentável do Panamá. Ao enfrentar os desafios existentes, aproveitar as oportunidades e implementar estratégias eficazes, o Panamá pode alcançar um futuro energético seguro, fiável e sustentável que impulsionará o seu crescimento económico e o bem-estar da sua população.

3.9. Implicações políticas

A tecnologia desempenha um papel crucial na produção de energia e a sua evolução tem profundas implicações políticas a vários níveis, desde a política local à geopolítica global. O que se segue é uma análise pormenorizada das implicações políticas da tecnologia na produção de energia:

1. Implicações para a política nacional:

> Segurança energética e dependência energética: A tecnologia pode influenciar a segurança energética de um país e a sua dependência de fontes de energia externas. O desenvolvimento de fontes de energia renováveis nacionais, como a energia solar e eólica, pode reduzir a

dependência das importações de combustíveis fósseis, o que pode ter implicações significativas para a política externa e a segurança nacional.

➢ Transição energética e alterações climáticas: A tecnologia desempenha um papel fundamental na transição para um sistema energético mais sustentável e com baixas emissões de carbono. Os governos aplicam políticas para promover o desenvolvimento e a adoção de tecnologias de energias renováveis, estabelecer normas de eficiência energética e reduzir as emissões de gases com efeito de estufa. Estas políticas podem gerar debate e controvérsia entre diferentes actores políticos e grupos de interesse.

➢ Preços e acessibilidade da energia: A tecnologia pode afetar os preços da energia e a acessibilidade da energia para os consumidores. Os avanços nas tecnologias das energias renováveis podem reduzir os custos de produção de energia, enquanto as políticas governamentais, como os subsídios e incentivos, podem influenciar o preço final da energia para as famílias e as empresas. A acessibilidade dos preços da energia é uma questão política importante, uma vez que pode afetar o bem-estar social e a competitividade económica.

➢ Emprego e impacto social: A transição para um sistema energético baseado em novas tecnologias pode ter um impacto significativo no emprego e na sociedade em geral. A criação de novos postos de trabalho no sector das energias renováveis pode compensar a perda de postos de trabalho na indústria dos combustíveis fósseis. No entanto, é importante que os governos apliquem políticas de apoio e de capacitação para garantir uma transição justa e equitativa para os trabalhadores afectados.

2. Implicações para a política internacional:

➢ Cooperação internacional e acordos energéticos: A tecnologia pode facilitar a cooperação internacional no domínio da energia, impulsionando a partilha de conhecimentos, a colaboração em projectos de energias renováveis e o desenvolvimento de normas e regulamentos globais. Os acordos internacionais no domínio da energia podem ser cruciais para enfrentar desafios comuns, como as alterações climáticas e a segurança energética.

➢ Geopolítica e concorrência pelos recursos: A posse e o controlo de tecnologias energéticas fundamentais podem tornar-se um fator importante na geopolítica mundial. Os países podem competir pelo acesso aos recursos energéticos e pelo desenvolvimento de tecnologias energéticas avançadas, o que pode conduzir a tensões e conflitos internacionais.

➢ Comércio internacional e propriedade intelectual: A transferência de tecnologia, a proteção da propriedade intelectual e o acesso aos mercados internacionais são aspectos importantes da política energética internacional. Os governos devem estabelecer quadros regulamentares adequados para facilitar o comércio internacional de tecnologias energéticas, proteger a propriedade intelectual e garantir um acesso equitativo às tecnologias para todos os países.

3. Governação e participação dos cidadãos:

> Papel do governo e das políticas públicas: Os governos desempenham um papel crucial na definição do futuro da energia através de políticas públicas, regulamentos, incentivos e subsídios. A transparência, a responsabilização e a participação dos cidadãos são essenciais para garantir que as políticas energéticas sejam desenvolvidas e aplicadas de forma justa, eficiente e sustentável.

> Capacitação da comunidade e participação local: A tecnologia pode capacitar as comunidades locais para participarem na produção e gestão da sua própria energia. O desenvolvimento de projectos de energias renováveis em pequena escala e a implementação de sistemas de micro-rede podem aumentar a autonomia energética local e promover o desenvolvimento sustentável a nível comunitário.

> Desafios e oportunidades para a democracia: A transição energética e a implementação de novas tecnologias energéticas apresentam desafios e oportunidades para os sistemas democráticos. É importante assegurar que os processos de tomada de decisão sejam inclusivos, transparentes e responsáveis perante os cidadãos e que os benefícios da transição energética sejam partilhados equitativamente entre todos os sectores da sociedade.

A tecnologia tem um impacto profundo na produção de energia, com implicações políticas que vão desde a política local à geopolítica mundial. Os governos, as empresas, a sociedade civil e os cidadãos devem trabalhar em conjunto para aproveitar as oportunidades oferecidas pela tecnologia, a fim de construir um futuro energético mais sustentável, seguro e próspero para todos.

4. Implicações geopolíticas:

> Segurança energética: A tecnologia pode melhorar a segurança energética dos países, reduzindo a sua dependência das importações de combustíveis fósseis e aumentando a diversidade das suas fontes de energia.

> Exemplos: O desenvolvimento das energias renováveis a nível nacional pode reduzir a dependência das importações de petróleo e de gás natural, tornando os países menos vulneráveis às perturbações do aprovisionamento e às flutuações de preços no mercado mundial.

> Cooperação internacional: A tecnologia pode impulsionar a cooperação internacional no domínio da energia, promovendo a partilha de conhecimentos, a colaboração em projectos de energias renováveis e o desenvolvimento de normas e regulamentos globais.

> Exemplos: Acordos internacionais como o Acordo de Paris sobre as alterações climáticas e o

3.10. A situação energética do Panamá

O Panamá, tal como muitos países do mundo, enfrenta desafios e oportunidades no seu sector energético. Embora tenha um sistema de eletricidade relativamente estável e acesso a várias fontes de energia, também enfrenta desafios em termos de segurança energética, dependência das importações, desenvolvimento de energias renováveis e eficiência energética. Segue-se uma análise abrangente da atual situação energética do Panamá:

1. Procura e oferta de energia:

> Procura: A procura de energia no Panamá tem registado um

crescimento constante nos últimos anos, impulsionado pelo crescimento da população, pelo desenvolvimento económico e pela urbanização. Em 2022, a procura de eletricidade atingiu 8.169 GWh, com um crescimento médio anual de 3,5% durante a última década.

➢ Oferta: A matriz energética do Panamá é baseada principalmente em fontes hidrelétrica (55%), térmica a óleo (38%) e eólica (7%). Em 2022, a produção de energia hidroelétrica representou 56% da produção total, seguida da térmica (42%) e da eólica (2%).

2. Segurança energética:

➢ Dependência das importações: O Panamá depende fortemente das importações de petróleo e de derivados de petróleo para a sua produção de energia térmica. Em 2022, as importações de petróleo representaram 38% do fornecimento total de energia. Esta dependência dos combustíveis fósseis importados expõe o país à volatilidade dos preços internacionais e aos riscos geopolíticos.

➢ Diversificação da matriz: O Panamá tomou medidas para diversificar a sua matriz energética através do desenvolvimento de projectos de energias renováveis, principalmente solar e eólica. No entanto, os progressos neste domínio são ainda lentos e a dependência dos combustíveis fósseis continua a ser elevada.

3. Desafios e oportunidades:

Desafios:

➢ Elevada dependência das importações de combustíveis fósseis.

➢ Desenvolvimento limitado das energias renováveis.

➢ Necessidade de modernizar as infra-estruturas energéticas.

➢ Perdas de energia na rede de transporte e distribuição.

➢ Baixa eficiência energética em vários sectores.

Oportunidades:

➢ Elevado potencial para o desenvolvimento da energia solar e eólica.

➢ Interesse do sector privado em investir em energias renováveis.

➢ Quadro jurídico favorável à promoção das energias renováveis.

➢ Oportunidade de melhorar a eficiência energética em todos os sectores.

➢ Potencial para exportar os excedentes de energia renovável para os países vizinhos.

4. Estratégias para um futuro energético sustentável:

➢ Aumentar a produção de energias renováveis: Incentivar o desenvolvimento de projectos solares, eólicos e hidroeléctricos de pequena e grande escala.

➢ Melhorar a eficiência energética: aplicar medidas de eficiência energética nos edifícios, na indústria, nos transportes e no consumo doméstico.

➢ Modernizar as infra-estruturas energéticas: Investir na modernização das redes de transmissão e distribuição para melhorar a fiabilidade e a eficiência do sistema.

➢ Promover a investigação e o desenvolvimento: Apoiar a investigação e o desenvolvimento de tecnologias energéticas inovadoras para reduzir os custos e melhorar a eficiência energética.

eficiência.

➢ Reforçar o quadro regulamentar: Estabelecer um quadro regulamentar claro e transparente que incentive o investimento nas energias renováveis e na eficiência energética.

➢ Promover a educação e a sensibilização: Educar a população para a importância da utilização racional da energia e para a adoção de práticas sustentáveis.

O Panamá tem um caminho difícil, mas promissor, para um futuro energético sustentável. A diversificação da matriz energética, o desenvolvimento de energias renováveis, a melhoria da eficiência energética e a modernização das infra-estruturas são fundamentais para alcançar a segurança energética, reduzir a dependência das importações e mitigar os impactos ambientais. A colaboração entre o governo, o sector privado, o meio académico e a sociedade civil é essencial para conceber e aplicar estratégias eficazes que garantam um acesso fiável, económico e sustentável à energia para as gerações presentes e futuras.

3.11. Procura global de recursos energéticos

A procura de recursos energéticos é um tópico crucial de análise, uma vez que tem implicações significativas para a economia global, o ambiente, a geopolítica e o desenvolvimento sustentável. Segue-se uma análise abrangente da procura de recursos energéticos, tanto a nível global como por região:

1. Procura global de energia:

Tendências: A procura mundial de energia tem crescido de forma constante nas últimas décadas e prevê-se que continue a aumentar no futuro, impulsionada pelo crescimento da população, pelo desenvolvimento económico e pela urbanização.

Factores: Os principais factores da procura de energia são:

> Crescimento da população: O aumento da população mundial gera uma maior procura de energia para satisfazer as necessidades básicas das pessoas, como a iluminação, o aquecimento, a refrigeração e a cozinha.

> Desenvolvimento económico: O crescimento económico dos países, especialmente nas economias emergentes, conduz a um maior consumo de energia em sectores como a indústria, os transportes e os serviços.

> Urbanização: O aumento da população urbana aumenta a procura de energia para o funcionamento das cidades, incluindo os transportes públicos, a iluminação urbana e os edifícios residenciais e comerciais.

2. Procura de recursos energéticos por região:

> Ásia: A região da Ásia é o maior consumidor de energia do mundo, representando mais de 50% da procura global em 2021. O crescimento económico e a industrialização em países como a China e a Índia são os principais motores da procura de energia na região.

> Europa: A Europa é a região com a segunda maior procura de energia, representando cerca de 25% do consumo global em 2021. A procura na Europa é principalmente impulsionada pela utilização de energia em sectores como a indústria, os transportes e o aquecimento doméstico.

> América do Norte: A América do Norte é responsável por cerca de

20% da procura global de energia. O consumo nesta região caracteriza-se por uma elevada utilização de energia em sectores como os transportes, a indústria e a produção de energia.

➢ América do Sul: A procura de energia na América do Sul tem crescido significativamente nos últimos anos, impulsionada pelo desenvolvimento económico de países como o Brasil e a Argentina. No entanto, a região ainda representa uma pequena parte do consumo global de energia.

➢ África: A procura de energia em África é relativamente baixa em comparação com outras regiões, mas prevê-se que cresça rapidamente nas próximas décadas devido ao crescimento demográfico e ao desenvolvimento económico.

3. Implicações da procura de recursos energéticos:

➢ Segurança energética: A elevada procura de energia e a dependência de recursos energéticos importados podem afetar a segurança energética dos países, tornando-os vulneráveis às flutuações de preços e às perturbações do aprovisionamento.

➢ Alterações climáticas: A produção e o consumo de energia, especialmente a partir de combustíveis fósseis, são os principais emissores de gases com efeito de estufa que contribuem para as alterações climáticas.

➢ Impactos ambientais: A extração, o processamento e a utilização de recursos energéticos podem ter impactos ambientais negativos, como a poluição do ar e da água, a desflorestação e a degradação dos solos.

➢ Desafios sociais: A falta de acesso a energia fiável e a preços acessíveis pode ter um impacto negativo no desenvolvimento social e económico, especialmente nas comunidades mais pobres e marginalizadas.

4. Estratégias para responder à procura de energia:

➢ Transição energética: Reduzir a dependência dos combustíveis fósseis e aumentar a adoção de fontes de energia renováveis, como a solar, a eólica, a hídrica e a geotérmica.

➢ Melhorar a eficiência energética: aplicar medidas para reduzir o consumo de energia em todos os sectores, incluindo a indústria, os transportes, os edifícios e os agregados familiares.

➢ Inovação tecnológica: Desenvolvimento de novas tecnologias energéticas mais eficientes, limpas e económicas.

➢ Cooperação internacional: Reforçar a cooperação internacional para enfrentar os desafios energéticos mundiais, como as alterações climáticas e a segurança energética.

3.12. O aumento dos custos da energia e o seu impacto nas economias domésticas e nacionais.

O aumento dos custos da energia no Panamá tem um impacto significativo nas economias doméstica e nacional. Este impacto é analisado em pormenor mais adiante:

1. Impacto na economia familiar:

➢ Redução do poder de compra: As famílias com rendimentos mais baixos são as mais afectadas pelo aumento dos preços da energia, uma vez que gastam uma parte maior do seu orçamento em energia. Isto pode obrigá-los a reduzir as despesas noutros bens essenciais, como a alimentação, os transportes ou a saúde.

➢ Aumento da desigualdade: O impacto do aumento dos custos da energia é mais pronunciado nos agregados familiares com baixos rendimentos, o que pode agravar a desigualdade económica no país.

➢ Stress nos orçamentos familiares: O aumento das contas de energia pode criar stress financeiro para as famílias, dificultando a poupança e o planeamento financeiro.

2. Impacto na economia nacional:

➢ Aumento da inflação: Os preços da energia são um componente importante do índice de preços no consumidor (IPC), pelo que o seu aumento contribui para uma inflação global mais elevada. Isto pode afetar negativamente o poder de compra da população e a competitividade das empresas.

➢ Abrandamento do crescimento económico: O aumento dos custos da energia pode afetar negativamente a rentabilidade das empresas, o que pode levar a uma redução do investimento, da produção e do emprego.

➢ Aumento da dependência das importações: O Panamá depende fortemente das importações de combustíveis fósseis para a sua produção de eletricidade. O aumento dos preços internacionais destes combustíveis pode ter um impacto negativo na balança comercial do país.

3. Medidas de atenuação do impacto:

> Subsídios e programas de assistência: O governo pode implementar subsídios ou programas de assistência financeira para ajudar as famílias com baixos rendimentos a fazer face ao aumento dos custos da energia.

> Promover a eficiência energética: Incentivar a utilização eficiente da energia através de campanhas de sensibilização, incentivos fiscais e programas de apoio à adoção de tecnologias eficientes.

> Desenvolvimento de fontes de energia renováveis: Reduzir a dependência de combustíveis fósseis importados através do desenvolvimento de fontes de energia renováveis nacionais, como a energia solar, eólica e hidroelétrica.

> Diversificação da matriz energética: Procurar novas fontes de abastecimento de energia, como o gás natural liquefeito (GNL), para reduzir a dependência de um único fornecedor.

O aumento dos custos da energia é um desafio que afecta tanto os agregados familiares como a economia nacional do Panamá. É necessário adotar medidas abrangentes para atenuar este impacto, incluindo subsídios, programas de assistência, promoção da eficiência energética, desenvolvimento de energias renováveis e diversificação da matriz energética. Uma abordagem proactiva e uma estratégia coordenada entre o governo, o sector privado e a sociedade civil são essenciais para garantir o acesso à energia a preços acessíveis, fiável e sustentável para todos os panamianos.

CAPÍTULO 4 O sector primário da economia:

O sector primário da economia desempenha um papel fundamental no desenvolvimento económico e social dos países. A agricultura, a pecuária, a silvicultura e a pesca são actividades essenciais para a produção de alimentos, matérias-primas e outros bens e serviços. No entanto, o sector primário enfrenta também grandes desafios, como as alterações climáticas, a escassez de recursos e a degradação ambiental. São necessárias práticas sustentáveis e políticas públicas adequadas para garantir a viabilidade do sector primário e a sua contribuição para o bem-estar das gerações presentes e futuras.

4.1 Características importantes do sector primário da economia:

Dependência de recursos naturais: O sector primário baseia-se na extração e exploração de recursos naturais diretamente do ambiente, como a terra, a água, os minerais e os organismos vivos.

Baixa transformação: Os produtos do sector primário são geralmente pouco transformados antes de chegarem ao consumidor final. As matérias-primas são extraídas, colhidas ou capturadas no seu estado natural, com um processamento mínimo.

Actividades sazonais: Muitas actividades do sector primário, como a agricultura, a pesca e a silvicultura, estão sujeitas a ciclos e estações naturais. Isto pode afetar a produção, os preços e a disponibilidade dos produtos.

Trabalho manual: O sector primário requer normalmente uma elevada proporção de trabalho manual, especialmente em tarefas como a agricultura, a construção e a exploração mineira.

Localização rural: As actividades do sector primário concentram-se principalmente nas zonas rurais, onde se encontram os recursos naturais e os espaços adequados para o seu desenvolvimento.

4.2 Agricultura:

A agricultura é a atividade económica que consiste no cultivo de plantas e na criação de animais para a produção de alimentos, fibras e outros produtos.

Tipos de agricultura: Existem vários tipos de agricultura, incluindo a agricultura familiar, a agricultura comercial, a agricultura industrial e a agricultura biológica.

Importância: A agricultura é fundamental para a segurança alimentar, fornece alimentos à população mundial. Além disso, gera emprego, rendimentos e desenvolvimento nas zonas rurais.

Desafios: A agricultura enfrenta desafios como as alterações climáticas, a escassez de água, a degradação dos solos, a perda de biodiversidade e a concorrência pela terra.

Situação atual do Panamá, problemas e sectores agrícolas por província: uma análise detalhada

1. Situação atual da agricultura no Panamá:

Contribuição para o PIB: A agricultura representa cerca de 2% do Produto Interno Bruto (PIB) do Panamá e emprega cerca de 15% da população ativa.

Produção: Os principais produtos agrícolas do Panamá são a banana, o ananás, o arroz, o café, a cana-de-açúcar, o gado, o leite, a mandioca, o milho, a banana e o feijão.

Exportações: As exportações agrícolas representam uma parte importante da economia panamiana, gerando cerca de mil milhões de dólares por ano. Os principais destinos das exportações agrícolas são os Estados Unidos, a Europa e a Ásia.

Consumo: O consumo interno de produtos agrícolas no Panamá também é significativo, especialmente de produtos frescos como frutas, legumes e carne.

2. Problemas da agricultura no Panamá:

Baixa produtividade: A produtividade agrícola no Panamá é relativamente baixa em comparação com outros países da região. Isto deve-se a vários factores, tais como a utilização ineficiente da terra e da água, a falta de acesso a tecnologias modernas e o baixo investimento em investigação e desenvolvimento.

Alterações climáticas: As alterações climáticas constituem uma grande ameaça para a agricultura no Panamá, uma vez que podem afetar a disponibilidade de água, a frequência de fenómenos meteorológicos extremos e a produção agrícola.

Doenças e pragas: As doenças e as pragas podem afetar
afectando significativamente a produção agrícola, causando perdas económicas e pondo em risco a segurança alimentar.

Falta de acesso aos mercados: Os pequenos agricultores têm frequentemente dificuldade em aceder a mercados rentáveis, o que limita o seu rendimento e as suas oportunidades de desenvolvimento.

Fragmentação das terras: A fragmentação das terras é um problema comum na agricultura panamiana, que dificulta a aplicação de práticas agrícolas eficientes e a adoção de novas tecnologias.

3. Artigos por província:

Bocas del Toro: Banana, banana, cacau, coco, ananás, arroz, mandioca, palmeira africana, gado bovino e suíno.

Colon: Banana, palmeira africana, ananás, arroz, cacau, coco, mandioca, gado bovino, suíno e ovino.

Chiriqui: Café, banana, abacaxi, arroz, cebola, batata, cenoura, brócolis, couve-flor, gado bovino, leiteiro e suíno.

Veraguas: Gado bovino, leiteiro e suíno, arroz, milho, feijão, mandioca, palma africana, café, cacau.

Herrera: Gado bovino, leiteiro e suíno, arroz, milho, feijão, mandioca, cana-de-açúcar, palma africana.

Los Santos: gado bovino, leiteiro e suíno, arroz, milho, feijão, mandioca, cana-de-açúcar.

Coclé: Gado bovino, leiteiro e suíno, arroz, milho, feijão, mandioca, cana-de-açúcar, palmeira africana.

Panamá Ocidental: gado bovino, leiteiro e suíno, arroz, milho, feijão, mandioca, legumes, frutas.

Panamá Oriental: gado bovino, leiteiro e suíno, arroz, milho, feijão, mandioca, legumes, frutas.

Darien: Mandioca, banana, arroz, milho, feijão, cacau, coco, gado e suínos.

Emberá-Wounaan: mandioca, banana, arroz, milho, feijão, cacau, coco, pesca.

Guna Yala: Coco, banana, arroz, mandioca, pesca.

4. Estratégias para melhorar a agricultura no Panamá:

Aumentar o investimento em investigação e desenvolvimento: É necessário investir em investigação e desenvolvimento para melhorar a produtividade agrícola, desenvolver novas variedades de culturas resistentes a doenças e pragas e adotar práticas agrícolas sustentáveis.

Melhorar o acesso à tecnologia: Facilitar o acesso dos agricultores à tecnologia moderna, como sistemas de irrigação eficientes, maquinaria agrícola e ferramentas digitais, pode ajudar a melhorar a produtividade e a competitividade do sector.

Reforçar as infra-estruturas: A melhoria das infra-estruturas rurais, incluindo estradas, portos e sistemas de armazenamento, pode facilitar o transporte de produtos agrícolas para os mercados e reduzir as perdas pós-colheita.

Alargar o acesso ao crédito: proporcionar aos pequenos agricultores o acesso ao crédito a taxas de juro competitivas pode permitir-lhes investir na modernização das suas explorações.

4.3 Pecuária:

A pecuária é a atividade económica que consiste na criação de animais para a produção de carne, leite, ovos, lã, couros e peles e outros produtos.

Tipos de criação de gado: Existem vários tipos de criação de gado, incluindo a criação extensiva, a criação intensiva, a criação familiar e a criação industrial.

Importância: O gado fornece proteínas e outros nutrientes essenciais para a alimentação humana. Além disso, gera emprego, rendimentos e desenvolvimento nas zonas rurais.

Desafios: A criação de gado enfrenta desafios como o impacto ambiental (emissões de gases com efeito de estufa, desflorestação), o bem-estar dos animais e a concorrência por recursos como a água e a terra.

Situação atual da criação de gado no Panamá:

Contribuição para o PIB: A pecuária representa cerca de 1,5% do Produto Interno Bruto (PIB) do Panamá e emprega cerca de 5% da mão de obra.

Produção: Os principais produtos pecuários do Panamá são a carne de vaca, o leite, os ovos, o frango e a carne de porco.

Consumo: O consumo interno de produtos pecuários no Panamá é significativo, especialmente de carne de bovino, frango e ovos.

Exportações: As exportações de produtos pecuários representam uma pequena parte da economia panamiana, principalmente carne de bovino e produtos lácteos. Os principais destinos das exportações de gado são a América Central e as Caraíbas.

2. Problemas da criação de gado no Panamá:

Baixa produtividade: A produtividade da pecuária no Panamá é relativamente baixa em comparação com outros países da região. Isto deve-se a vários factores, como a utilização ineficiente da terra e da água, a falta de acesso a tecnologias modernas, o baixo investimento em investigação e desenvolvimento e a prevalência de doenças e pragas. Alterações climáticas: As alterações climáticas constituem uma grande ameaça para a pecuária no Panamá, uma vez que podem afetar a disponibilidade de água, a frequência de fenómenos meteorológicos extremos e a produção de forragens.

Roubo de gado: O roubo de gado é um problema grave que afecta o gado panamiano, causando perdas económicas e pondo em risco a segurança do sector rural.

Falta de acesso aos mercados: Os pequenos criadores de gado têm frequentemente dificuldade em aceder a mercados lucrativos, o que limita o seu rendimento e as suas oportunidades de desenvolvimento.

Custo elevado dos factores de produção: O custo elevado dos factores de produção, como os alimentos para animais, os medicamentos veterinários e a mão de obra, pode afetar a rentabilidade da criação de gado.

3. Principais zonas de criação de gado:

Bocas del Toro: gado bovino, leiteiro e suíno.

Colón: gado bovino, leiteiro e suíno.

Chiriqui: Gado bovino, leiteiro e suíno.

Veraguas: gado bovino, leiteiro e suíno.

Herrera: Gado bovino, leiteiro e suíno.

Los Santos: gado bovino, leiteiro e suíno.

Coclé: gado bovino, leiteiro e suíno.

Panamá Ocidental: gado bovino, leiteiro e suíno.

Panamá Oriental: gado bovino, leiteiro e suíno.

Darien: gado bovino, leiteiro e suíno.

Emberá-Wounaan: gado bovino, leiteiro e suíno.

Guna Yala: gado bovino, leiteiro e suíno.

4. Tipos de leite:

Leite gordo: Leite que conserva toda a sua gordura natural.

Leite meio gordo: contém menos 50% de gordura do que o leite gordo.

Leite magro: contém menos de 1 % de gordura.

Leite UHT (Ultra High Temperature): Leite que foi submetido a um processo de aquecimento ultra-elevado para matar as bactérias e prolongar o seu prazo de validade.

Leite pasteurizado: Leite que foi aquecido a uma temperatura específica para matar as bactérias nocivas, mas que mantém os seus nutrientes.

Leite biológico: Leite produzido por vacas criadas sem a utilização de antibióticos, hormonas de crescimento ou outros produtos químicos.

5. Charlatanismo:

O furto de gado, ou roubo de gado, é um problema grave que afecta o gado panamiano, causando perdas económicas significativas aos criadores e pondo em risco a segurança do sector rural. As autoridades panamianas estão a tomar medidas para combater o roubo de gado, incluindo o aumento da vigilância policial, a implementação de programas de prevenção e a aplicação de penas mais severas aos ladrões.

6. Estratégias para melhorar a criação de gado no Panamá:

Aumentar o investimento em investigação e desenvolvimento: É necessário investir em investigação e desenvolvimento para melhorar a produtividade do gado, desenvolver novas raças de gado mais resistentes a doenças e pragas e adotar práticas de pecuária sustentáveis.

Melhorar o acesso à tecnologia: Facilitar o acesso dos agricultores à tecnologia moderna, como sistemas de irrigação eficientes, maquinaria agrícola e ferramentas digitais, pode ajudar a melhorar a produtividade e a competitividade do sector.

4.4 Silvicultura:

A silvicultura é a atividade económica de gestão e exploração das florestas para a produção de madeira, lenha, papel, produtos florestais não lenhosos e outros serviços ecossistémicos.

Tipos de silvicultura: Existem vários tipos de silvicultura, incluindo a silvicultura de plantação, a silvicultura de seleção e a silvicultura comunitária.

Importância: A silvicultura fornece recursos essenciais como a madeira, regula o clima, protege a biodiversidade e evita a erosão dos solos.

Desafios: A silvicultura enfrenta desafios como a desflorestação ilegal, a exploração madeireira insustentável, os incêndios florestais e as alterações climáticas.

Silvicultura no Panamá:

1. Contribuição da silvicultura para o Panamá:

Contribuição económica: A silvicultura contribui para a economia do Panamá através da criação de emprego, da produção de madeira e de outros produtos florestais e da prestação de serviços ecossistémicos, como o sequestro de carbono e a regulação do clima.

Recursos madeireiros: O Panamá possui importantes recursos madeireiros, incluindo espécies como o mogno, o cedro, o louro e o espavé. A indústria florestal gera cerca de 1% do Produto Interno Bruto (PIB) do Panamá e emprega cerca de 5% da população ativa no sector rural.

Florestas: As florestas do Panamá cobrem cerca de 60% do território nacional e albergam uma grande biodiversidade de flora e fauna. As florestas desempenham um papel fundamental na proteção das bacias hidrográficas, na prevenção da erosão dos solos e na atenuação das alterações climáticas.

2. Áreas e sectores florestais no Panamá:

Florestas naturais: O Panamá tem uma grande extensão de florestas naturais, incluindo florestas tropicais, florestas secas e florestas nubladas. Estas florestas são exploradas de forma sustentável para a produção de madeira e outros produtos florestais não lenhosos.

Plantações florestais: As plantações florestais são áreas de terra dedicadas ao cultivo de árvores para a produção de madeira. As principais espécies plantadas no Panamá são o pinheiro, a teca, o eucalipto e a melina. As plantações florestais ajudam a satisfazer a procura de madeira e a reduzir a pressão sobre as florestas naturais.

Agrofloresta: A agrofloresta é a combinação de agricultura, pecuária e silvicultura num único sistema. Esta prática é utilizada para diversificar a produção, melhorar a fertilidade do solo e conservar os recursos naturais.

Silvicultura comunitária: A silvicultura comunitária é a gestão das florestas pelas comunidades locais para seu próprio benefício. A silvicultura comunitária contribui para a capacitação da comunidade e para a conservação das florestas.

3. O Laboratório de Achiotines:

O Laboratório Los Achiotines é um centro de investigação científica e desenvolvimento florestal situado no Panamá. O laboratório pertence ao Instituto Nacional de Investigações Florestais, Agrícolas e Pecuárias (INIFAP) e o seu principal objetivo é gerar conhecimentos científicos e tecnológicos para a gestão sustentável das florestas no Panamá. Está localizado na província de Los Santos, distrito de Pedasí.

4. As linhas de investigação do Laboratório de Achiotines:

Silvicultura: O laboratório efectua investigação sobre silvicultura nos seguintes domínios
plantações, silvicultura de florestas naturais, agro-silvicultura e silvicultura comunitária.

Ecologia florestal: São realizados estudos sobre a ecologia das florestas tropicais, incluindo a dinâmica das populações de árvores, as interacções planta-animal e o ciclo de nutrientes.

Gestão florestal: São investigadas técnicas de gestão florestal sustentável para a produção de madeira, a conservação da biodiversidade e a prestação de serviços ecossistémicos.

Produtos florestais não lenhosos: São estudadas as utilizações e o potencial comercial dos produtos florestais não lenhosos, como os frutos, a casca, as fibras e as plantas medicinais.

5. Impacto do Laboratório de Achiotines:

O Laboratório Los Achiotines tem dado importantes contributos para o desenvolvimento da silvicultura no Panamá. A investigação do laboratório melhorou as práticas de gestão florestal, aumentou a produtividade das plantações florestais e conservou a biodiversidade florestal. Os resultados do laboratório têm sido utilizados para desenvolver políticas públicas e programas de gestão florestal sustentável no Panamá.

A silvicultura desempenha um papel fundamental no

desenvolvimento económico, social e ambiental do Panamá. O Laboratório Los Achiotines é uma instituição fundamental para o avanço da silvicultura no país, através da investigação científica, do desenvolvimento tecnológico e da transferência de conhecimentos para as comunidades locais e os decisores.

4.5 Pescas:

A pesca é a atividade económica que consiste na captura de peixes, crustáceos, moluscos e outros organismos aquáticos para consumo humano ou industrial.

Tipos de pesca: Existem vários tipos de pesca, incluindo a pesca artesanal, a pesca industrial, a pesca de alto mar e a aquicultura.

Importância: A pesca constitui uma importante fonte de proteínas e de outros nutrientes para a alimentação humana. Também gera emprego e rendimentos nas comunidades costeiras.

Desafios: As pescas enfrentam desafios como a sobrepesca, a poluição marinha, as alterações climáticas e a pesca ilegal.

Zonas de riqueza ictiológica no Panamá: produtos e problemas actuais

O Panamá, enquanto país com duas extensas costas (Pacífico e Caraíbas) e um grande número de rios e lagos, possui uma grande riqueza de recursos haliêuticos, o que o torna um importante produtor e exportador de produtos da pesca. No entanto, a pesca no Panamá enfrenta vários desafios que ameaçam a sustentabilidade do sector e a biodiversidade marinha.

2. Zonas de riqueza ictiológica:

Pacífico: O Golfo de Chiriqui, o Golfo do Panamá e a Ilha de Coiba são zonas particularmente ricas em recursos haliêuticos, onde se encontram espécies como o atum, a sardinha, a cavala, o camarão, o pargo e o robalo.

Caraíbas: Costa Abierta, Bocas del Toro e Comarca Guna Yala são zonas de grande diversidade marinha, onde se encontram espécies como a garoupa, o robalo, o peixe-serra, o camarão e a lagosta.

Rios e lagos: Os rios Chagres, Tuira, Changuinola e San Miguel, bem como o lago Gatun, são o lar de espécies de água doce como a tilápia, o peixe-gato, o guapote e o tarpão.

3. Produtos da pesca:

Peixe fresco e congelado: Atum, sardinha, cavala, carapau, pargo, robalo, garoupa, robalo, tilápia, peixe-gato, guapote e sável.

Marisco: Camarão, lagosta, caranguejo, polvo e lulas.

Produtos transformados: farinha de peixe, óleo de peixe, conservas de peixe e filetes.

4. Questões actuais:

Sobrepesca: A sobrepesca de algumas espécies, como o atum e o camarão, está a ameaçar a sustentabilidade das unidades populacionais de peixes.

Pesca ilegal, não declarada e não regulamentada (IUU): A pesca IUU é uma ameaça para as unidades populacionais de peixes e os ecossistemas marinhos, uma vez que não é regida por regras e regulamentos estabelecidos.

Poluição marinha: A poluição causada por resíduos domésticos, industriais e agrícolas está a afetar a qualidade da água e a saúde dos peixes.

Alterações climáticas: O aumento da temperatura da água, a acidificação dos oceanos e a alteração dos padrões das correntes oceânicas estão a ter um impacto negativo nas unidades populacionais de peixes.

5. Estratégias para a sustentabilidade:

Gestão sustentável das pescas: aplique planos de gestão das pescas que estabeleçam quotas de pesca, tamanhos mínimos de captura e períodos de defeso para proteger as unidades populacionais de peixes.

Combater a pesca INN: Reforçar a vigilância e o controlo marítimo, implementar sistemas de localização de navios e aplicar sanções mais severas aos infractores.

Reduzir a poluição marinha: Aplicar políticas e programas para reduzir a descarga de poluentes no mar, promover o tratamento de águas residuais e incentivar práticas agrícolas sustentáveis.

Proteção dos ecossistemas marinhos: Estabeleça áreas marinhas protegidas para preservar a biodiversidade marinha e apoiar a reprodução dos peixes.

Investigação e desenvolvimento: Investir na investigação científica para compreender melhor a dinâmica das unidades populacionais de peixes e desenvolver práticas de pesca mais sustentáveis.

A riqueza ictiológica do Panamá é um recurso valioso que deve ser utilizado de forma sustentável em benefício das gerações actuais e futuras. É necessário implementar estratégias para combater a sobrepesca, a pesca IUU, a poluição marinha e os efeitos das alterações climáticas. A colaboração entre o governo, o sector privado, as comunidades locais e as organizações internacionais é essencial para garantir a sustentabilidade da pesca no Panamá e a conservação da biodiversidade marinha.

4.6. Impacto do ambiente geográfico nas actividades do sector primário.

O meio geográfico tem uma influência significativa nas actividades do sector primário, uma vez que as características físicas e climáticas de um território determinam, em grande medida, o tipo de culturas, de gado ou de pesca que pode ser desenvolvido. Os principais factores do meio geográfico que afectam as actividades do sector primário são analisados a seguir:

4.6.1. A latitude, posição angular de um lugar na Terra em relação ao equador, tem uma influência significativa sobre o meio geográfico e, consequentemente, sobre as actividades primárias que podem ser desenvolvidas num território.

A temperatura influencia a distribuição das culturas, uma vez que cada espécie tem um intervalo de temperatura ótimo para crescer. Por exemplo, as culturas tropicais, como a banana e o ananás, necessitam de climas quentes, enquanto as culturas temperadas, como o trigo e a cevada, necessitam de climas mais frios.

Precipitação: A quantidade e a distribuição da precipitação são fundamentais para a agricultura, uma vez que a água é essencial para o crescimento das plantas. As regiões com elevada precipitação são adequadas para culturas que requerem muita água, como o arroz, enquanto as regiões áridas são mais adequadas para culturas tolerantes à seca, como o cato e o agave.

Sol: O número de horas de sol por dia é importante para a fotossíntese, o processo pelo qual as plantas produzem o seu próprio alimento. As culturas que requerem muita luz solar, como os girassóis e os tomates, dão-se melhor em regiões com muita luz solar.

Os principais efeitos da latitude no ambiente geográfico e a sua relação com as actividades do sector primário são discutidos a seguir:

4.6.2. Clima:

Distribuição das zonas climáticas: A latitude é o principal fator que determina a distribuição das zonas climáticas na Terra. À medida que nos afastamos do equador em direção aos pólos, a incidência dos raios solares diminui, o que provoca uma diminuição da temperatura. Isto dá origem a diferentes zonas climáticas, como as tropicais, subtropicais, temperadas, polares e subárcticas.

Precipitação: A latitude também influencia a distribuição da precipitação. Em geral, as regiões equatoriais e subtropicais recebem mais precipitação devido à convergência de correntes de ar ascendentes e húmidas. À medida que nos aproximamos dos pólos, a precipitação diminui devido à divergência das correntes de ar frio e descendente.

Vegetação:

Tipos de biomas: A distribuição dos biomas terrestres, como as florestas tropicais, as savanas, os prados temperados e os desertos polares, está intimamente relacionada com a latitude. Cada bioma tem características únicas de vegetação, fauna e clima, adaptadas às condições ambientais específicas da sua latitude.

Produtividade agrícola: A latitude também influencia a produtividade agrícola. As regiões tropicais e subtropicais têm geralmente um maior potencial de produção agrícola devido às temperaturas quentes, à elevada pluviosidade e aos solos férteis. Nas regiões temperadas, a produtividade agrícola pode ser sazonal, enquanto nas regiões polares a agricultura é limitada devido às baixas temperaturas e ao curto período de crescimento.

3. Actividades primárias:

Agricultura: A latitude determina os tipos de culturas que podem ser cultivadas num território. Nas regiões tropicais e subtropicais, é possível cultivar uma grande variedade de frutas, legumes e cereais, como a banana, o café, o arroz e o milho. Nas regiões temperadas, as culturas mais comuns são os cereais (trigo, cevada, aveia), os legumes e as frutas de clima temperado (maçãs, peras, uvas). Nas regiões polares, a agricultura é limitada e concentra-se principalmente na criação de gado e na produção de vegetais em estufa.

Pecuária: A latitude também influencia os tipos de gado que podem ser criados. Nas regiões tropicais e subtropicais, é comum a criação extensiva de gado bovino, ovino e caprino, tirando partido das pastagens naturais. Nas regiões temperadas, a criação intensiva de bovinos, suínos e aves é mais comum, devido à disponibilidade de alimentos para animais e às infra-estruturas necessárias. Nas regiões polares, a criação de animais limita-se principalmente à criação de renas e de outros animais adaptados ao clima frio.

Pesca: A latitude também afecta a distribuição das espécies marinhas e a atividade pesqueira. Nas regiões tropicais e subtropicais, a diversidade das espécies marinhas é elevada e a pesca é uma atividade importante, tanto para consumo local como para exportação. Nas regiões temperadas, a pesca concentra-se em espécies como o bacalhau, o arenque e o salmão. Nas regiões polares, a pesca é limitada devido às condições climáticas extremas e à baixa diversidade de espécies.

4.6.3. Alívio:

Altitude: A altitude influencia a temperatura e a pressão atmosférica, o que afecta o crescimento das plantas. Em geral, quanto maior a altitude, menor a temperatura e menor a pressão atmosférica, o que limita o desenvolvimento de algumas culturas. As zonas montanhosas são adequadas para culturas que toleram climas frios e altitudes elevadas, como o café e o chá.

Declive: O declive do terreno também desempenha um papel importante na agricultura, uma vez que dificulta o trabalho manual e a utilização de máquinas agrícolas. As zonas com declives acentuados são mais adequadas para a criação de gado ou para a silvicultura, enquanto as zonas planas são mais adequadas para a agricultura.

4.7.   Qualidade do solo

Fertilidade: A fertilidade do solo é essencial para o crescimento das plantas, fornecendo-lhes os nutrientes de que necessitam para se desenvolverem. Os solos férteis, ricos em matéria orgânica e nutrientes, são adequados para uma grande variedade de culturas. Os solos inférteis, com baixo teor de nutrientes, podem necessitar de fertilizantes adicionais para serem produtivos.

Textura: A textura do solo refere-se ao tamanho das partículas do solo (areia, silte e argila). A textura do solo afecta a capacidade de retenção de água e o arejamento, o que influencia o crescimento das plantas. Os solos arenosos drenam bem a água, mas retêm poucos nutrientes, enquanto os solos argilosos retêm bem a água e os nutrientes, mas podem ser propensos à compactação.

pH: O pH do solo é uma medida da sua acidez ou alcalinidade. A maioria das culturas desenvolve-se melhor em solos com um pH ligeiramente ácido ou neutro. Os solos muito ácidos ou muito alcalinos podem necessitar de ajustamentos para se tornarem adequados para a agricultura.

4.8.   Incidência da disponibilidade de água

A água é um recurso fundamental para a vida na Terra e desempenha um papel crucial nas actividades do sector primário, como a agricultura, a pecuária e a pesca. A disponibilidade de água num território tem uma influência significativa sobre o meio geográfico e, consequentemente, sobre as possibilidades de desenvolvimento destas actividades. Analisamse em seguida os principais efeitos da disponibilidade de água no meio geográfico e a sua relação com as actividades do sector primário:

1. Influência no meio geográfico:

Formação de ecossistemas: A disponibilidade de água é essencial para a formação e manutenção de diversos ecossistemas, desde as florestas tropicais até aos desertos áridos. A quantidade e a distribuição da água determinam a flora e a fauna que podem prosperar num local, moldando a biodiversidade e a riqueza natural do ambiente.

Processos geológicos: A água também desempenha um papel importante nos processos geológicos, como a erosão, a sedimentação e a formação de rios e lagos. A quantidade de água que atravessa um território pode alterar o relevo do terreno e criar paisagens únicas, como desfiladeiros, deltas e estuários.

2. Impacto nas actividades do sector primário:

Agricultura: A disponibilidade de água é crucial para a agricultura, uma vez que é indispensável para a irrigação das culturas. A escassez de água pode limitar a produção agrícola, especialmente nas regiões áridas e semi-áridas. Por outro lado, o excesso de água também pode ser problemático, uma vez que pode conduzir a inundações, à salinização dos solos e a doenças das culturas.

Pecuária: A pecuária também depende da disponibilidade de água para o abeberamento dos animais e para a produção de pastagens. Em regiões com escassez de água, a criação extensiva de gado pode ser insustentável e exigir alternativas como a criação intensiva de gado ou a criação de animais adaptada à seca.

Pescas: As pescas de água doce e marinha dependem da qualidade e quantidade da água para a sobrevivência das espécies aquáticas. A poluição da água, a sobrepesca e as alterações climáticas podem afetar negativamente a disponibilidade dos recursos haliêuticos.

3. Estratégias para a gestão da água no sector primário:

Utilização eficiente da água: A implementação de práticas de irrigação eficientes, como a irrigação gota a gota ou a utilização de águas residuais tratadas, pode ajudar a reduzir o consumo de água na agricultura e na pecuária.

Proteção das fontes de água: A preservação das bacias hidrográficas, o controlo da poluição da água e a promoção da reflorestação são medidas essenciais para garantir a qualidade e a disponibilidade da água para as actividades do sector primário.

Desenvolvimento de tecnologias sustentáveis: O investimento em investigação e desenvolvimento de tecnologias que optimizem a utilização da água, como sistemas de irrigação inteligentes ou técnicas de dessalinização pode contribuir para a sustentabilidade do sector primário em regiões com escassez de água.

A disponibilidade de água é um fator crucial que determina o potencial do ambiente geográfico para as actividades do sector primário. A gestão adequada da água, através de práticas sustentáveis e tecnologias inovadoras, é essencial para garantir a produção de alimentos, a conservação dos ecossistemas e o desenvolvimento rural sustentável. A colaboração entre os governos, as comunidades e o sector privado é essencial para enfrentar os desafios relacionados com a escassez de água e para promover uma utilização eficiente e responsável deste recurso vital.

4.9. Participação do sector primário na economia nacional.

Participação do sector primário na economia do Panamá: análise atual e perspectivas

O sector primário, também conhecido como sector agrícola, compreende as actividades económicas relacionadas com a exploração dos recursos naturais, como a agricultura, a pecuária, a silvicultura e a pesca. Este sector desempenha um papel fundamental na economia do Panamá, contribuindo para a segurança alimentar, a criação de emprego e o desenvolvimento rural.

1. Contribuição do sector primário para o PIB:

Percentagem do PIB: De acordo com dados do Instituto Nacional de Estatística e Censos (INEC) do Panamá, em 2022, o sector primário contribuiu com 2,3% para o Produto Interno Bruto (PIB) nacional. Embora esta percentagem possa parecer relativamente baixa, é importante considerar que o sector primário tem um impacto significativo noutros sectores da economia, como a indústria alimentar e o turismo.

Comparação com outros sectores: Em comparação com o sector terciário (serviços), que representa cerca de 73% do PIB, e com o sector secundário (indústria), que contribui com 24,7%, a parte do sector primário na economia panamiana é inferior. No entanto, é importante notar que o sector primário desempenha um papel crucial no fornecimento de géneros alimentícios de base e de matérias-primas para outros sectores.

2. Importância do sector primário no Panamá:

Segurança alimentar: O sector primário garante a produção de alimentos básicos para a população panamiana, contribuindo para a segurança alimentar e a soberania alimentar do país. A agricultura familiar e a agricultura de pequena escala desempenham um papel fundamental na produção de alimentos frescos e nutritivos para consumo local.

Geração de emprego: O sector primário é uma importante fonte de emprego no Panamá, especialmente nas zonas rurais. De acordo com os dados do INEC, em 2020, o sector agrícola empregava cerca de 15,7% da população empregada do país.

Desenvolvimento rural: O sector primário contribui para o desenvolvimento rural sustentável, promovendo a geração de rendimentos, a melhoria das nfra-estruturas e a conservação dos recursos naturais nas zonas rurais. A agricultura e a pecuária podem ser instrumentos de combate à pobreza e de melhoria da qualidade de vida das comunidades rurais.

3. Desafios e oportunidades para o sector primário no Panamá:

Desafios: O sector primário no Panamá enfrenta uma série de desafios, tais como a baixa produtividade, a falta de acesso ao crédito e à tecnologia, a concorrência internacional, as alterações climáticas e a degradação ambiental.

Oportunidades: Apesar dos desafios, o sector primário no Panamá também apresenta oportunidades significativas. O crescimento da procura mundial de alimentos, a adoção de tecnologias inovadoras, a diversificação da produção e a promoção de produtos agrícolas de valor acrescentado são algumas das oportunidades que podem ser aproveitadas para reforçar o sector.

4. Estratégias para reforçar o sector primário no Panamá:

Investimento em investigação e desenvolvimento: É necessário investir em investigação e desenvolvimento para melhorar a produtividade das culturas e do gado, desenvolver novas variedades de culturas e raças de gado mais resistentes a doenças e pragas e adotar práticas agrícolas sustentáveis.

Acesso ao crédito e ao financiamento: Facilitar o acesso dos pequenos agricultores ao crédito e ao financiamento a taxas competitivas pode contribuir para a modernização da produção, a aquisição de tecnologia e a melhoria das infra-estruturas.

Formação e assistência técnica: A prestação de formação e assistência técnica aos agricultores sobre temas como as boas práticas agrícolas, a gestão de pragas e doenças, a comercialização e a gestão empresarial pode reforçar as suas capacidades e melhorar a sua competitividade.

Promoção da agroindústria: A promoção do desenvolvimento da agroindústria, que acrescenta valor aos produtos agrícolas e pecuários, pode gerar rendimentos mais elevados para os produtores e diversificar a economia rural.

Proteção do ambiente: A aplicação de práticas agrícolas e pecuárias sustentáveis que preservem os recursos naturais e protejam o ambiente é essencial para a sustentabilidade a longo prazo do sector primário.

O sector primário desempenha um papel fundamental na economia do Panamá, contribuindo para a segurança alimentar, a criação de emprego e o desenvolvimento rural. Apesar dos desafios que enfrenta, o sector apresenta também importantes oportunidades para se reforçar e contribuir para o crescimento económico do país. A aplicação de estratégias adequadas, como o investimento em investigação e desenvolvimento, o acesso ao crédito e ao financiamento, a formação e a assistência técnica, a promoção da agroindústria e a proteção do ambiente, são fundamentais para impulsionar o desenvolvimento sustentável do sector primário no Panamá.

4.10. População empregada no sector primário do Panamá: dados e análise

1. Números actuais:

Percentagem da população empregada: De acordo com os dados do Instituto Nacional de Estatística e Censos (INEC) do Panamá, em 2022, o sector primário ocupava 15,7% da população empregada do país. Isso representa 273.139 pessoas envolvidas em actividades agrícolas, pecuárias, florestais e de pesca.

Distribuição por género: Da população empregada no sector primário,

52,29% são homens e 47,71% são mulheres. Esta distribuição reflecte a participação significativa das mulheres na agricultura familiar e na agricultura de pequena escala, especialmente nas zonas rurais.

Distribuição geográfica: A maioria da população empregada no sector primário está localizada nas zonas rurais do país. No ano de 2022, 79,9% das pessoas empregadas neste sector residiam em zonas rurais, enquanto 20,1% residiam em zonas urbanas.

2. Evolução histórica:

Tendência decrescente: Nas últimas décadas, a percentagem do sector primário na população empregada do Panamá tem mostrado uma tendência decrescente. Em 1990, o sector primário empregava 26,7% da população empregada, enquanto em 2022, este valor desceu para 15,7%.

Factores que afectam o declínio: Este declínio deve-se a vários factores, como a urbanização, a diversificação da economia para o sector terciário (serviços), a baixa produtividade no sector primário e a migração da população rural para as cidades em busca de melhores oportunidades de emprego.

3. Importância do sector primário:

Apesar do declínio da sua percentagem da população empregada, o sector primário continua a ser um sector importante na economia panamiana, uma vez que é a principal fonte de emprego na economia do país:

Garante a segurança alimentar: O sector primário produz os alimentos básicos consumidos pela população panamiana, contribuindo para a soberania alimentar do país.

Gera emprego: O sector primário é uma importante fonte de emprego, especialmente nas zonas rurais, onde as oportunidades de emprego noutros sectores são limitadas.

Contribui para o desenvolvimento rural: O sector primário contribui para o desenvolvimento rural sustentável, promovendo a geração de rendimentos, a melhoria das infra-estruturas e a conservação dos recursos naturais nas zonas rurais.

4. Desafios e oportunidades:

Desafios: O sector primário no Panamá enfrenta uma série de desafios, tais como a baixa produtividade, a falta de acesso ao crédito e à tecnologia, a concorrência internacional, as alterações climáticas e a degradação ambiental.

Oportunidades: Apesar dos desafios, o sector primário também apresenta oportunidades significativas, como o crescimento da procura mundial de alimentos, a adoção de tecnologias inovadoras, a diversificação da produção e a promoção de produtos agrícolas de valor acrescentado.

A população empregada no sector primário no Panamá diminuiu nas últimas décadas, mas continua a ser um sector importante para a economia do país e para o desenvolvimento rural.

É necessário implementar estratégias para reforçar o sector primário, tais como o investimento em investigação e desenvolvimento, o acesso ao crédito e ao financiamento, a formação e a assistência técnica, a promoção da agroindústria e a proteção do ambiente.

O sector primário tem o potencial de contribuir para o crescimento económico sustentável do Panamá, gerando empregos, melhorando a qualidade de vida das comunidades rurais e garantindo a segurança alimentar do país.

4.11. Percentagem da população empregada no PIB do Panamá: análise e perspectivas

1. Contribuição da população ativa para o PIB:

A população empregada do Panamá desempenha um papel

fundamental na geração do Produto Interno Bruto (PIB) do país. De acordo com dados do Instituto Nacional de Estatística e Censos (INEC) do Panamá, no ano de 2022, a população empregada totalizava 1.741.127 pessoas, o que representa 66,5% da população com 15 anos ou mais.

2. Distribuição por sector económico:

A percentagem da população empregada no PIB está distribuída da seguinte forma, de acordo com os sectores económicos:

Sector terciário (serviços): O sector terciário tem a maior parte do PIB, com 73%. Isto reflecte a importância dos serviços na economia panamiana, incluindo actividades como o comércio, o turismo, as finanças e os serviços profissionais.

Sector secundário (indústria): O sector secundário contribui com 24,7% para o PIB. Este sector inclui actividades como a indústria transformadora, a construção e a exploração mineira.

Sector primário (agricultura e pecuária): O sector primário tem uma participação menor no PIB, com 2,3%. No entanto, como já foi referido, este sector desempenha um papel crucial na segurança alimentar e no desenvolvimento rural do país.

3. Evolução histórica:

A distribuição da população empregada por sector económico sofreu algumas alterações nas últimas décadas:

Sector terciário: A parte do sector terciário no PIB aumentou significativamente de 65,2% em 1990 para 73% em 2022. Isto deve-se ao crescimento de actividades como o turismo, o comércio internacional e os serviços financeiros.

Sector secundário: A parte do sector secundário no PIB diminuiu ligeiramente de 28,1% em 1990 para 24,7% em 2022. Este facto deve-se, em parte, à abertura comercial do país e ao aumento da concorrência internacional.

Sector primário: A parte do sector primário no PIB diminuiu de forma mais acentuada, passando de 6,7% em 1990 para 2,3% em 2022. Este declínio deve-se a vários factores, como a baixa produtividade do sector, a falta de acesso ao crédito e à tecnologia e a migração da população rural para as cidades.

4. Impacto da pandemia de COVID-19:

A pandemia de COVID-19 teve um impacto negativo na economia panamiana, especialmente no sector terciário, onde se concentram as actividades mais afectadas pelas medidas de restrição social. A população empregada no sector terciário diminuiu 14,6% em 2020, enquanto a população empregada no sector primário permaneceu relativamente estável.

5. Perspectivas de futuro:

Prevê-se que a economia panamiana recupere gradualmente nos próximos anos, impulsionada pelo crescimento do sector terciário e pelo investimento em infra-estruturas. No entanto, é importante aplicar estratégias para reforçar o sector primário e melhorar a sua produtividade, a fim de que este sector contribua de forma mais significativa para o PIB do país e para o desenvolvimento rural.

A população empregada do Panamá desempenha um papel fundamental na geração do PIB e no desenvolvimento económico do país. A distribuição da população empregada por sector económico alterou-se nas últimas décadas, com um crescimento no sector terciário e um declínio no sector primário. A pandemia de COVID-19 teve um impacto negativo na economia, especialmente no sector terciário. Prevê-se que a economia recupere nos próximos anos, mas o sector primário tem de ser reforçado para contribuir de forma mais significativa para o PIB e o desenvolvimento rural.

4.12. Realidace da produção agrícola, pecuária, florestal e piscatória no Panamá: uma análise global

1. O panorama geral:

A produção agrícola, pecuária, florestal e pesqueira no Panamá desempenha um papel fundamental na economia e no desenvolvimento do país, especialmente nas zonas rurais. No entanto, este sector enfrenta uma série de desafios que limitam o seu potencial e afectam a qualidade de vida das pessoas que dele dependem.

2. Produção agrícola:

Progressos: Foram registados progressos na produção de algumas culturas, como a banana, o ananás e o arroz, que são importantes produtos de exportação.

Desafios: A baixa produtividade, a falta de acesso ao crédito e à tecnologia, a concorrência internacional, as alterações climáticas e a degradação ambiental são alguns dos principais desafios que a agricultura panamiana enfrenta.

Oportunidades A diversificação da produção, a adoção de práticas agrícolas sustentáveis, a promoção de produtos agrícolas com valor acrescentado e o reforço das cadeias de valor são algumas das oportunidades que podem ser aproveitadas para melhorar a competitividade do sector agrícola.

3. Produção animal:

Progresso: A criação de gado bovino e suíno é a principal atividade pecuária no Panamá. A qualidade genética do gado foi melhorada e a produção de carne e de leite aumentou.

Desafios: A falta de pastagens de qualidade, a baixa produtividade, a elevada dependência da importação de factores de produção e a concorrência internacional são alguns dos principais desafios que a pecuária panamiana enfrenta.

Oportunidades: A tecnificação da produção, a promoção de uma pecuária sustentável, a diversificação da produção para a criação de caprinos e ovinos e o desenvolvimento de mercados para carne e produtos lácteos de valor acrescentado são algumas das oportunidades que podem ser aproveitadas para reforçar o sector da pecuária.

4. Produção florestal:

Progresso: A cobertura florestal aumentou em algumas zonas do país, graças aos programas de reflorestação.

Desafios: A desflorestação ilegal, o abate indiscriminado de árvores, a falta de gestão sustentável das florestas e a concorrência de outras utilizações do solo são alguns dos principais desafios que a silvicultura panamiana enfrenta.

Oportunidades: A promoção de uma silvicultura sustentável, o desenvolvimento de plantações florestais comerciais, a industrialização da madeira e a diversificação da produção para produtos não lenhosos são algumas das oportunidades que podem ser aproveitadas para reforçar o sector florestal.

5. Produção de peixe:

Progresso: A produção de algumas espécies de peixes, como a tilápia e o camarão, foi aumentada através da aquicultura.

Desafios: A sobrepesca, a pesca ilegal, não declarada e não regulamentada (IUU), a poluição da água e as alterações climáticas são alguns dos principais desafios que a pesca panamiana enfrenta.

Oportunidades: A promoção de pescarias sustentáveis, o desenvolvimento da aquicultura marinha, a diversificação da produção para novas espécies de peixes e o aumento do valor dos produtos da pesca são algumas das oportunidades que podem ser aproveitadas para reforçar o sector das pescas.

A produção agrícola, pecuária, florestal e piscícola no Panamá tem um grande potencial para contribuir para o desenvolvimento económico e social do país. No entanto, para que este sector atinja todo o seu potencial, é necessário enfrentar os desafios que se lhe deparam. A aplicação de estratégias adequadas, como o investimento em investigação e desenvolvimento, o acesso ao crédito e ao financiamento, a formação e a assistência técnica, a promoção de práticas sustentáveis e a proteção do ambiente, são fundamentais para impulsionar o desenvolvimento sustentável do sector primário no Panamá.

4.13. Políticas destinadas ao desenvolvimento das actividades do sector primário.

4.13.1. Apoio governamental:

O governo do Panamá implementou várias políticas e estratégias para apoiar o desenvolvimento do sector primário, com o objetivo de reforçar a agricultura, a pecuária, a silvicultura e a pesca, e contribuir para o crescimento económico do país, a segurança alimentar e o desenvolvimento rural.

Segue-se uma análise das principais iniciativas governamentais neste domínio:

1. Políticas públicas:

Plano Nacional de Desenvolvimento Agrícola (2021-2025): Este plano define as orientações estratégicas para o desenvolvimento do sector primário no Panamá, com ênfase na modernização da produção, na promoção da agroindústria, na sustentabilidade ambiental e na inclusão social.

Lei sobre o desenvolvimento agrícola (Lei 38 de 2013): Esta lei estabelece o quadro jurídico para a promoção da produção agrícola, da agroindústria e da comercialização de produtos agrícolas.

Estratégia Nacional de Segurança Alimentar e Nutricional (2017-2022): Esta estratégia visa garantir o acesso a alimentos seguros e nutritivos para toda a população panamiana, com ênfase na produção local e no apoio à agricultura familiar de pequena escala.

2. Programas e projectos governamentais:

Programa Agro Rural: Este programa presta assistência técnica e financeira e formação aos pequenos agricultores, a fim de melhorar a sua produtividade e competitividade.

Programa Nacional de Sementes: Este programa promove a produção e utilização de sementes de alta qualidade, para melhorar os rendimentos agrícolas e a resistência a pragas e doenças.

Programa Nacional de Crédito Agrícola: Este programa facilita o acesso dos produtores agrícolas ao crédito através de taxas de juro bonificadas e de condições de pagamento flexíveis.

Programa Nacional de Sanidade Agrícola: Este programa visa prevenir e controlar as pragas e doenças que afectam as culturas e o gado, a fim de proteger a produção agrícola nacional.

3. Incentivos fiscais:

Lei de Atração de Investimento no Sector Agrícola (Lei 69 de 2019): Esta lei concede benefícios fiscais às empresas que investem no sector agrícola, tais como a isenção do imposto sobre o rendimento e a importação de máquinas e equipamentos.

Isenção do Imposto sobre o Rendimento da Produção Agrícola: Esta lei isenta do imposto sobre o rendimento os rendimentos gerados pela produção agrícola, constituindo um incentivo ao investimento neste sector.

4. Reforço institucional:

Modernização do Ministério do Desenvolvimento Agrícola (MIDA): O MIDA implementou um processo de modernização para melhorar a sua eficiência e eficácia ao serviço dos produtores agrícolas.

Criação do Instituto de Inovação Agrícola do Panamá (IIAP): O IIAP é uma instituição dedicada à investigação e ao desenvolvimento de novas tecnologias agrícolas para aumentar a produtividade e a sustentabilidade do sector primário.

Reforço das organizações de produtores: O Governo prestou apoio às organizações de produtores para reforçar a sua capacidade de gestão, negociação e comercialização dos produtos agrícolas.

5. Desafios e perspectivas:

Apesar dos esforços do governo, o sector primário no Panamá ainda enfrenta uma série de desafios, como a baixa produtividade, a falta de acesso ao crédito e à tecnologia, a concorrência internacional, as alterações climáticas e a degradação ambiental. Para superar estes desafios e tirar partido das oportunidades que o sector primário apresenta, é necessário continuar a aplicar políticas públicas eficazes, reforçar as instituições do sector agrícola, incentivar o investimento privado e promover a adoção de práticas sustentáveis.

Em conclusão, o Governo do Panamá fez um esforço significativo para apoiar o desenvolvimento do sector primário, através de várias políticas, programas, projectos e incentivos. No entanto, há ainda muito a fazer para reforçar este sector e atingir o seu pleno potencial. A colaboração entre o governo, o sector privado, o meio académico e as organizações de produtores é essencial para impulsionar o desenvolvimento sustentável do sector primário no Panamá e contribuir para o crescimento económico, a segurança alimentar e o bem-estar das comunidades rurais.

4.13.2.   Apoio à produção por parte de organizações internacionais

O Panamá, tal como muitos países em desenvolvimento, recebe apoio de várias organizações internacionais para reforçar o seu sector primário, que inclui actividades agrícolas, pecuárias, florestais e pesqueiras. Este apoio assume a forma de financiamento, assistência técnica, formação, intercâmbio de conhecimentos e de boas práticas, bem como a promoção de políticas públicas favoráveis ao desenvolvimento sustentável do sector.

1. Principais agências internacionais que prestam apoio:

Organização das Nações Unidas para a Alimentação e a Agricultura (FAO): A FAO trabalha com o governo panamiano para melhorar a produção agrícola, a segurança alimentar e a nutrição, a gestão dos recursos naturais e o desenvolvimento rural sustentável.

Banco Mundial (BM): O BM financia projectos de desenvolvimento da agricultura, da pecuária, da silvicultura e da pesca e presta assistência técnica para melhorar a produtividade e a competitividade do sector primário.

Fundo Internacional de Desenvolvimento Agrícola (FIDA): O FIDA financia projectos de agricultura familiar de pequena escala, com o objetivo de melhorar as condições de vida das comunidades rurais e reforçar a segurança alimentar.

Banco Interamericano de Desenvolvimento (BID): O BID financia projectos de infra-estruturas rurais, desenvolvimento tecnológico, comercialização de produtos agrícolas e gestão dos riscos climáticos no sector primário.

Agência dos Estados Unidos para o Desenvolvimento Internacional (USAID): A USAID presta assistência técnica e financeira para melhorar a segurança alimentar, a nutrição, a agricultura sustentável e a gestão dos recursos naturais no Panamá.

2. Tipos de apoio prestados:

Financiamento: As organizações internacionais concedem empréstimos e subvenções ao governo panamiano e a organizações do sector privado para financiar projectos de desenvolvimento da agricultura, da pecuária, da silvicultura e da pesca.

Assistência técnica: As agências internacionais prestam assistência técnica às autoridades governamentais, aos produtores agrícolas, às organizações da sociedade civil e a outros intervenientes do sector primário para melhorar as suas capacidades em domínios como a produção agrícola sustentável, a gestão dos recursos naturais, a comercialização dos produtos agrícolas e a adaptação às alterações climáticas.

Formação: As agências internacionais oferecem programas de formação para produtores agrícolas, técnicos agrícolas, extensionistas e outros agentes do sector primário, com o objetivo de reforçar os seus conhecimentos e competências para melhorar a produtividade e a competitividade do sector.

Intercâmbio de conhecimentos e de boas práticas: As organizações internacionais facilitam o intercâmbio de conhecimentos e de boas práticas entre países, para que o Panamá possa aprender com as experiências bem sucedidas de outros países e aplicá-las no seu próprio contexto.

Promoção de políticas públicas: As agências internacionais trabalham com o governo panamiano para promover políticas públicas que favoreçam o desenvolvimento sustentável do sector primário, tais como o investimento em investigação e desenvolvimento agrícola, o acesso dos produtores ao crédito, a proteção dos recursos naturais e a comercialização dos produtos agrícolas.

3. Impacto do apoio internacional:

O apoio das organizações internacionais teve um impacto positivo no sector primário do Panamá, contribuindo para

Aumento da produtividade agrícola: A assistência técnica e o financiamento permitiram que os agricultores adoptassem novas tecnologias e práticas agrícolas mais eficientes, resultando num aumento da produção alimentar.

Melhoria da segurança alimentar: O apoio à agricultura familiar de pequena escala e a promoção da agricultura sustentável contribuíram para melhorar a segurança alimentar nas comunidades rurais.

Conservação dos recursos naturais: Os programas de gestão dos recursos naturais e de adaptação às alterações climáticas ajudaram a proteger as florestas, a água e outros recursos naturais importantes para o sector primário.

Reforço das instituições do sector primário: A assistência técnica e a formação reforçaram as capacidades das instituições governamentais e das organizações do sector privado que trabalham no desenvolvimento do sector primário.

4. Desafios e perspectivas:

Apesar do impacto positivo do apoio internacional, o sector primário no Panamá ainda enfrenta desafios como a baixa produtividade em algumas áreas, a falta de acesso ao crédito para os pequenos produtores, a concorrência internacional, as alterações climáticas e a degradação ambiental. Para superar estes desafios e tirar partido das oportunidades que o sector primário apresenta, é necessário continuar a trabalhar em colaboração com organizações internacionais, reforçar as políticas públicas, promover o investimento privado e adotar práticas sustentáveis.

O apoio das organizações internacionais desempenha um papel fundamental no desenvolvimento do sector primário no Panamá. Este apoio materializa-se através de financiamento, assistência técnica, formação, intercâmbio de conhecimentos e de melhores práticas e promoção de políticas públicas favoráveis ao desenvolvimento sustentável do sector. O impacto positivo deste apoio reflecte-se no aumento da produtividade agrícola, na me horia da segurança alimentar, na conservação dos recursos naturais e no reforço das instituições do sector primário.

4.13.3. Mecanismos para garantir a segurança alimentar

A segurança alimentar, definida como o acesso de todas as pessoas, em qualquer altura, a alimentos suficientes, seguros e nutritivos para satisfazer as suas necessidades nutricionais e preferências alimentares, é uma questão fundamental para o desenvolvimento sustentável dc Panamá. O governo panamiano implementou vários mecanismos para garantir a segurança alimentar da sua população, que podem ser agrupados nas seguintes categorias

1. Aumento da produção interna:

Reforço da agricultura familiar: É prestado apoio aos pequenos agricultores para melhorar a sua produtividade através de assistência técnica, financiamento, formação e acesso aos mercados.

Promoção da agricultura sustentável: É incentivada a adoção de práticas agrícolas sustentáveis que respeitem o ambiente e reduzam a dependência de factores de produção externos.

Investimento em investigação e desenvolvimento: É apoiada a investigação e o desenvolvimento de novas tecnologias agrícolas para aumentar a produtividade e a resiliência das culturas.

2. Diversificação da produção:

Promoção de culturas não tradicionais: É incentivada a produção de culturas não tradicionais com elevado valor nutricional e comercial, a fim de reduzir a dependência das importações de alimentos de base.

Desenvolvimento da aquicultura: É apoiado o desenvolvimento da aquicultura como fonte alternativa de proteínas, especialmente em zonas com limitações agrícolas.

Reforço da pecuária sustentável: É promovida a pecuária sustentável que protege o ambiente e melhora a qualidade da carne e do leite.

3. Acesso a alimentos:

Programas de assistência social: Os programas de assistência social são implementados para fornecer alimentos às populações mais vulneráveis, como as crianças, as mulheres grávidas e os idosos.

Bancos alimentares: Os bancos alimentares são criados para recolher e distribuir alimentos a pessoas necessitadas.

Mercados populares: É incentivada a criação de mercados populares onde os consumidores possam comprar alimentos frescos a preços acessíveis.

4. Redução das perdas e do desperdício de alimentos:

Campanhas de sensibilização: São realizadas campanhas de sensibilização para aumentar a consciencialização da importância de reduzir as perdas e o desperdício de alimentos.

Reforço das cadeias de valor: É prestado apoio ao reforço das cadeias de valor agrícolas para reduzir as perdas pós-colheita e melhorar a eficiência da distribuição de alimentos.

Promoção da reutilização e reciclagem de alimentos: É incentivada a reutilização de excedentes alimentares para a produção de novos produtos e a reciclagem de resíduos orgânicos para a produção de composto.

5. Governação e coordenação:

Consejo Nacional de Seguridad Alimentaria y Nutricional (CONASAN): O CONASAN é o órgão de gestão da segurança alimentar no Panamá e coordena as acções das diferentes instituições governamentais e da sociedade civil neste domínio.

Plano Nacional de Segurança Alimentar e Nutricional (PLANSAN): O PLANSAN é o instrumento de planeamento da política pública de segurança alimentar no Panamá e estabelece os objectivos, estratégias e acções para garantir o acesso a alimentos suficientes, seguros e nutritivos para toda a população.

Acompanhamento e avaliação: São efectuados estudos e análises periódicos para avaliar a situação da segurança alimentar no Panamá e a eficácia das políticas aplicadas.

O governo do Panamá implementou vários mecanismos para garantir a segurança alimentar da sua população. Estes mecanismos vão desde o aumento da produção interna e a diversificação da produção, ao acesso aos alimentos, à redução das perdas e desperdícios alimentares e à governação e coordenação das acções de segurança alimentar. Embora se tenham registado progressos significativos, há ainda muito a fazer para garantir que todas as pessoas no Panamá tenham acesso a alimentos suficientes, seguros e nutritivos para satisfazer as suas necessidades nutricionais e preferências alimentares. A implementação eficaz de políticas públicas, a colaboração entre o governo, o sector privado e a sociedade civil, e o investimento em investigação e desenvolvimento são fundamentais para alcançar este objetivo.

VOCABULÁRIO

1. Agricultura de regadio: Um tipo de agricultura que utiliza sistemas de irrigação para fornecer água às culturas, normalmente através de canais, condutas ou outros métodos.

2. Agricultura de sequeiro: Trata-se de um tipo de agricultura que depende da precipitação e da humidade natural do solo, sem recurso a sistemas de irrigação artificial.

3. Agricultura de subsistência: Uma forma de agricultura em que os agricultores produzem alimentos principalmente para o seu próprio consumo e o da sua família, e não para venda no mercado.

4. Agricultura itinerante: Também conhecida como agricultura itinerante ou de pântano, é um sistema agrícola em que

5. Agroturismo: Uma forma de turismo que combina actividades relacionadas com a agricultura e o ambiente rural. Os turistas visitam explorações agrícolas, participam em actividades agrícolas, aprendem sobre os produtos locais e vivem a vida rural, contribuindo assim para o desenvolvimento económico das zonas rurais.

6. Airbnb: É uma plataforma online que permite às pessoas alugar ou arrendar alojamentos de curta duração, como quartos, apartamentos ou casas, através da intermediação da plataforma. A Airbnb teve um impacto significativo no sector da hotelaria e gerou mudanças no mercado de arrendamento turístico.

7. Pousio: Prática agrícola que consiste em deixar uma parcela de terra sem cultivo durante um ou mais períodos de tempo, a fim de permitir a recuperação e a regeneração do solo.

8. Branqueamento de capitais: Também conhecido por branqueamento de capitais, é o processo pelo qual se dissimula a origem ilícita de fundos ou activos, fazendo-os passar por legítimos através de transacções financeiras complexas e difíceis de rastrear, com o objetivo de os integrar no sistema legal e evitar a sua deteção.

9. Capital de exploração: Refere-se ao dinheiro e aos activos líquidos que uma empresa utiliza nas suas operações diárias, tais como dinheiro, contas a receber e existências.

10. Capitalismo: Sistema económico em que os meios de produção e distribuição estão nas mãos de indivíduos e empresas privadas, com o objetivo de obter lucro.

11. Ciclo económico: Refere-se às flutuações periódicas que uma economia experimenta em termos de crescimento e contração. Inclui fases de expansão, recessão, depressão e recuperação.

12. Cluster: Uma concentração geográfica de empresas, fornecedores e outras instituições relacionadas num domínio específico. O cluster pode promover a colaboração e a concorrência entre empresas e gerar benefícios económicos.

13. Conurbação: O processo de crescimento e fusão de áreas urbanas próximas, formando uma cidade contínua ou uma área metropolitana.

14. Crescimento económico: O aumento sustentado da produção de bens e serviços numa economia ao longo do tempo, geralmente medido por um aumento do Produto Interno Bruto (PIB).

15. Crise económica: Situação de grande instabilidade e dificuldades numa economa, caracterizada por uma quebra significativa do crescimento económco, aumento do desemprego, diminuição da produção e outros indicadcres negativos.

16. Decrescimento: Uma escola de pensamento que propõe a redução deliberada e planeada do crescimento económico, a fim de alcançar um desenvolvimento mais sustentável e equitativo.

17. Descentralização: O processo de transferência de poder e autoridade de um nível central ou governo para níveis inferiores ou entidades locais, permitindo uma maior participação e tomada de decisões a nível local.

18. Economia alternativa: Refere-se a sistemas e modelos económicos diferentes do capitalismo tradicional, como a economia solidária, a economia colaborativa e outras formas de organização económica que procuram a sustentabilidade e a equidade.

19. Economia informal: O sector da economia que inclui actividades económicas não regulamentadas ou oficialmente não registadas, geralmente realizadas por trabalhadores independentes ou pequenas empresas.

20. Economia local: Refere-se à atividade económica centrada numa região

ou localidade específica, onde os recursos e o consumo se centram principalmente na comunidade local.

21. Economia regional: O estudo da economia de uma região geográfica específica, tendo em conta os factores económicos e as interacções específicas dessa região.

22. Economia sustentável: Uma abordagem económica que procura satisfazer as necessidades presentes sem comprometer a capacidade das gerações futuras de satisfazerem as suas próprias necessidades, tendo em conta os aspectos ambientais, sociais e económicos.

23. Franchising: Modelo de negócio em que uma empresa (franchisador) concede a outra empresa ou indivíduo (franchisado) o direito de explorar um negócio utilizando a sua marca, produtos e sistemas, em troca de royalties e do cumprimento de determinadas condições.

24. GAFAM (Google, Apple, Facebook, Amazon e Microsoft): Estas são as cinco maiores e mais conhecidas empresas tecnológicas do mundo, que tiveram um impacto significativo na indústria e na economia global.

25. Globalização: O processo de crescente interconexão e interdependência entre países a nível económico.

26. Hinterland: A área ou região atrás ou em torno de um centro urbano ou porto, e que é economicamente influenciada por esse centro. Refere-se à área de influência e às actividades económicas relacionadas com o centro.

27. O centro comercial refere-se a um centro ou ponto focal onde convergem diferentes actividades comerciais, tais como a troca de bens, serviços e transacções financeiras. É um local onde se concentra uma vasta gama de empresas, lojas, instituições financeiras e serviços conexos, criando um ambiente favorável à atividade económica e ao comércio.

28. Pegada digital: O rasto deixado por uma pessoa na Internet através da sua atividade em linha, incluindo informações pessoais, interacções nas redes sociais, histórico de pesquisas e outros dados gerados na Web.

29. IDH: O Índice de Desenvolvimento Humano (IDH) é um indicador que mede o desenvolvimento humano de um país, tendo em conta factores como a esperança de vida, a educação e o rendimento per capita. O IDH é utilizado para comparar e classificar os países de acordo com o seu

nível de desenvolvimento humano.

30. Inovação económica: Refere-se à introdução e aplicação de novas ideias, tecnologias, processos ou modelos de negócio na esfera económica, com o objetivo de melhorar a eficiência, a produtividade e a competitividade.

31. Latifúndio: Uma grande propriedade agrícola pertencente a uma única pessoa ou entidade e utilizada para a produção agrícola em grande escala.

32. Exploração minifundiária: Uma pequena propriedade de terras agrícolas pertencente a um agricultor ou a uma família e utilizada para a produção agrícola em pequena escala.

33. Globalização: Termo utilizado para descrever o processo de crescente interconexão e globalização da economia mundial, da cultura, da política e de outros aspectos da sociedade.

34. Oferta: Em economia, refere-se à quantidade de bens ou serviços que os produtores estão dispostos a vender no mercado a um determinado preço.

35. Offshore: Refere-se à localização ou à atividade exercida fora do território nacional ou longe da costa. Pode referir-se à localização de empresas ou actividades financeiras em jurisdições com benefícios fiscais ou regulamentos mais favoráveis.

36. Oligopólio: Uma estrutura de mercado em que um pequeno número de empresas controla a maior parte do mercado de um determinado produto ou serviço,

37. OMC: Organização Mundial do Comércio. É uma instituição internacional responsável pelo estabelecimento e aplicação de regras comerciais internacionais entre os países membros. O seu principal objetivo é promover a liberalização do comércio e facilitar a negociação de acordos comerciais.

38. OPEP: A Organização dos Países Exportadores de Petróleo (OPEP) é uma organização internacional composta por países produtores de petróleo. O seu principal objetivo é coordenar e unificar as políticas petrolíferas dos seus membros, a fim de estabilizar os preços do petróleo no mercado internacional.

39. Paraíso fiscal: Termo utilizado para descrever uma jurisdição que oferece benefícios fiscais e regulamentações pouco rigorosas a indivíduos e

empresas, frequentemente utilizadas para evitar impostos ou contornar regulamentações financeiras.

40. PIB (Produto Interno Bruto): Um indicador que mede o valor de todos os bens e serviços finais produzidos num país durante um determinado período. É utilizado como uma medida da dimensão e do crescimento económico de uma nação.

41. Piscicultura: A criação e produção de peixes em tanques, lagos ou outras instalações aquáticas para fins comerciais ou de consumo.

42. Pós-produtivismo: Uma escola de pensamento que questiona o foco tradicional no crescimento económico e na produção e procura formas alternativas de organização económica e de desenvolvimento sustentável.

43. Precarização económica: refere-se ao processo de aumento da instabilidade e da precariedade do emprego e das condições de trabalho, como a falta de segurança no emprego, os baixos salários, os contratos temporários, etc.

44. Protecionismo: Uma política económica que procura proteger a indústria nacional e a economia nacional de um país através de barreiras comerciais, tais como tarifas ou quotas, a fim de limitar a concorrência estrangeira e favorecer a produção nacional.

45. PME (Pequenas e Médias Empresas): São pequenas ou médias empresas, que geralmente têm um número limitado de empregados e um determinado volume de negócios anual, de acordo com os critérios estabelecidos em cada país.

46. Recursos económicos: Os vários elementos e activos utilizados na produção de bens e serviços, como a terra, o trabalho, o capital e a tecnologia.

47. Redes Económicas: Refere-se às interconexões e relações entre empresas, instituições e agentes económicos que colaboram e se beneficiam mutuamente numa determinada área ou sector.

48. Região Metropolitana: Refere-se a uma região geográfica que inclui uma grande cidade e as suas áreas circundantes, formando uma entidade urbana e económica integrada.

49. Rendimento per capita: É o rendimento médio auferido por cada indivíduo

numa determinada área ou país. É calculado dividindo o rendimento total de uma área pela sua população.

50. Sector quaternário: Trata-se de uma classificação do sector económico que inclui actividades relacionadas com a investigação, o desenvolvimento, a tecnologia, a informação e o conhecimento. É considerado um sector da economia baseado no conhecimento.

51. Silvicultura: A gestão e o cultivo de florestas para a produção sustentável de madeira, produtos florestais e conservação dos recursos naturais.

52. Sindicato: Associação de trabalhadores constituída para a defesa e promoção dos seus direitos laborais e condições de trabalho. Os sindicatos negoceiam coletivamente com os empregadores em nome dos trabalhadores e podem tomar medidas como greves para pressionar por melhores condições de trabalho.

53. Terciarização económica: refere-se ao processo de crescimento e predomínio do sector terciário da economia, que inclui actividades de serviços como o comércio, os transportes, o turismo, as finanças, entre outras.

54. Transnacionais: São empresas que operam em mais do que um país, tendo filiais, sucursais ou uma presença significativa em diferentes partes do mundo. São também conhecidas como empresas multinacionais.

55. Transumância: Forma de pastoreio em que os animais se deslocam sazonalmente entre diferentes áreas de pastagem, geralmente em busca de melhores condições climatéricas e alimentares.

56. Tríade global: refere-se aos três blocos económicos e políticos mais importantes da economia mundial: os Estados Unidos, a União Europeia e o Japão. São responsáveis por uma parte significativa da produção e do comércio mundiais.

57. Limite de pobreza: O nível mínimo de rendimento ou de recursos necessários para satisfazer as necessidades básicas e evitar a pobreza. O limiar de pobreza pode variar consoante o contexto e é utilizado para medir a incidência e a gravidade da pobreza numa determinada população ou zona.

58. Zona Franca: É uma área geográfica delimitada dentro de um país que tem regimes aduaneiros e fiscais especiais. Numa zona franca, são

oferecidos benefícios como isenções fiscais, simplificação dos procedimentos aduaneiros e facilidades para o comércio internacional, com o objetivo de promover o investimento e a atividade económica.

REFERÊNCIAS BIBLIOGRÁFICAS

Acemoglu, D., & Robinson, J. A. (2012). Porque é que as nações falham: The origins of power, prosperity, and poverty [As origens do poder, da prosperidade e da pobreza]. Crown Publishing Group. 568 pp.

Atencio Peñaloza, M. O. (2009). Legislação cooperativa no Panamá.

Carrera, R. R. (1964). El derecho agrario en las leyes de reforma agraria de América Lat na. *Revista de Estudios Agrosociales, 48,* 153.

Davis, D. R., Henderson, J. V., & O'Brien, A. J. (2020). Economia regional e urbana (7ª ec.). McGraw-Hill. 784 pp.

Del Rosario Guerra, C. (2007). Desarrollo del Programa Nacional de Zonificación Agroecológica de Panamá: un Enfoque Ecosistémico. *Aplicación del Enfoque Ecosistémico en Latinomérica, 69.*

Duranton, G., & Puga, D. (2004). Development, disparities, and distance: A quantitative analysis (Desenvolvimento, disparidades e distância: uma análise quantitativa). MIT Press. 552 pp.

Florida, R. (2002). The rise of the creative class: And how it's transforming work, leisure, life, and politics [A ascensão da classe criativa: E como está a transformar o trabalho, o lazer, a vida e a política]. HarperBusiness. 336 pp.

Fujita, M., Krugman, P. R., & Venables, A. J. (2016). The new economic geography: Effects of localization, specialization, and trade [A nova geografia económica: Efeitos da localização, especialização e comércio]. MIT Press. 552 pp.

García, J. M F. (1970). Contrarreforma agrária e catástrofe rural no Panamá. *Revista de economia política, (54),* 134.

Glaeser, E. L., & Gottlieb, B. R. (2009). The economics of cities (A economia das cidades). MIT Press. 512 pp.

Grossman, G. M., & Helpman, E. (1991). Innovation and growth in the global economy. MIT Press. 528 pp.

Helpman, E., & Krugman, P. R. (1985). Market structure, trade, and foreign investment. MIT Press. 312 pp.

Henderson, J. V., & Wang, F. (2004). The effects of urban spatial structure on economic performance (Os efeitos da estrutura espacial urbana no desempenho económico). Em H. J. Sonstelie, & P. M. Townroe (Eds.), Handbook of regional and urban economics (Vol. 4, pp. 363-418). Elsevier. 624 pp.

Kolstad, C. D., & Rezai, M. (2012). The economic effects of climate change: A review of studies. Ecological Economics, 85, 33-47.

Krugman, P. R. (1997). What makes a currency area? Em S. B. Cohen, & J. A. Williamson (Eds.), A world of currency areas (pp. 1-28). Cambridge University Press. 344 pp.

Krugman, P. R. (1998). Geography and trade. MIT Press. 304 pp.

Krugman, P. R., & Obstfeld, M. (2008). International economics: Theory and policy (9ª ed.). Pearson Education. 832 pp.

Krugman, P. R., & Obstfeld, M. (2023). International economics: Theory and policy (11ª ed.). Pearson Education. 848 pp.

Krugman, P. R., & Venables, A. J. (1995). Spatially integrated economies: Modeling the international economy. MIT Press. 344 pp.

Lucas, R. E. (1988). Lectures on economic growth. Harvard University Press. 320 pp.

Lucas, R. E., & Weber, E. (2010). Climate change and economic growth. The American Economic Review, 100(4), 81-102.

Ortega, A. A. (2021). La Prescripción Adquisitiva de Dominio Civil y la Prescripción Adquisitiva Agraria en la Legislación Panameña. *Revista Jurídica Latinoamericana, 1*(1), 29-33.

Panamá, I. N. E. C. Instituto Nacional de Estatística e Censos do Panamá [Em linha]. *INEC Panamá.*

Porter, M. E. (1990). The competitive advantage of nations: Creating and sustaining superior performance. Free Press. 596 pp.

Romer, P. M. (1994). The theory of endogenous growth. Cambridge University Press. 248 pp.

Sachs, J. D. (2005). The end of poverty: Economic possibilities for our time. Penguin Books. 416 pp.

Sen, A. K. (1999). Development as freedom. Oxford University Press. 368 pp.

Stern, N. (2007). The economics of climate change: The stern review. Cambridge University Press. 712 pp.

Valverde Batista, R. A. (2021). Ações e consequências da política econômica panamenha no setor primário: gerando uma proposta de modelo econômico, social e ambiental.

Printed by Books on Demand GmbH, Norderstedt / Germany